Thomas Riegler

Satellitenanlagen installieren in Alt- und Neubauten

FRANZIS
DO IT YOURSELF

IM HAUS **BAND 15**

Thomas Riegler

Satellitenanlagen
installieren in Alt- und Neubauten

Leicht gemacht, Geld und Ärger gespart!

Mit 163 farbigen Abbildungen

Bibliografische Information der Deutschen Bibliothek

Die Deutsche Bibliothek verzeichnet diese Publikation in der Deutschen Nationalbibliografie; detaillierte Daten sind im Internet über **http://dnb.ddb.de** abrufbar.

Satz: DTP-Satz A. Kugge, München
art & design: www.ideehoch2.de
Druck: Legoprint S.p.A., Lavis (Italia)
Printed in Italy

ISBN 978-3-7723-**4599-9**

Vorwort

Heute gibt es viele Möglichkeiten, Radio- und TV-Programme zu empfangen. Neben dem Satellitenfernsehen kommen das digitale Antennenfernsehen DVB-T, Kabel-TV oder das Internetfernsehen infrage. Das Fernsehen aus dem Weltall liefert dem Zuschauer den mit Abstand größten TV-Komfort: Hunderte Programme in bester Qualität, die oft zum Nulltarif zu sehen sind – selbst dann, wenn Sie nur die Astraposition auf 19,2 Grad Ost empfangen. Hinzu kommen unzählige fremdsprachige Programme von anderen Satelliten. Doch wie lässt sich eine Satellitenanlage selbst planen und einfach installieren, um so viel Geld zu sparen – egal, ob Sie im Alt- oder Neubau wohnen oder einen Rohbau vor sich haben? Welche Lösung spart das Verlegen unnötiger Kabel, ist unauffällig und effizient, indem sie vorhandene Ressourcen nutzt und sich an die baulichen Gegebenheiten optimal anpasst? Welche Satellitenanlage ist die richtige, die genau Ihren Wünschen entspricht? Dieses Buch beantwortet diese Fragen und gibt langjährige wertvolle Erfahrungen an den Anwender weiter. Es beschreibt ausführlich die Planung, Montage und Installation unterschiedlichster Satellitenanlagen: von der einfachen Anlage mit einer nahezu unsichtbaren Antenne bis hin zu komplexen Empfangssystemen für mehrere Satelliten, an die beliebig viele Fernseher anschließbar sind. Dabei geht das Buch ausführlich auf die Anforderungen in Alt- und Neubauten ein und hilft so, die eigene Satellitenanlage optimal zu realisieren. Es setzt keine technischen Kenntnisse und besonderes handwerkliches Geschick voraus – neben dem umfangreichen Transfer von Praxis-Know-how die beste Voraussetzung für den Laien, um die eigene Satellitenanlage mit nachhaltigem Erfolg aufzubauen und zu betreiben.

Inhaltsverzeichnis

Inhaltsverzeichnis

Inhaltsverzeichnis

1 Die richtige Satellitenanlage auswählen

Welche Satellitenanlage die richtige ist, hängt von den individuellen Wünschen des Nutzers ab. Vor dem Kauf sollte man sich deshalb überlegen, wofür man die Anlage braucht. Daraus ergibt sich das benötigte Equipment. Wenn Sie jetzt nicht genau wissen, was Ihre Satellitenanlage in Zukunft alles können soll, gibt Ihnen die Beantwortung der folgenden Fragen eine Orientierungshilfe. Das anschließende Kapitel informiert über unterschiedliche Satellitenanlagen und für welche Anwendungen sie zu empfehlen sind.

1.1 Wie viele Fernsehgeräte möchten Sie anschließen?

Möchten Sie mit nur einem Fernseher Satelliten-TV sehen, reicht eine sogenannte Einteilnehmer-Anlage. Diese besteht aus einem LNB, der als Empfänger im Brennpunkt der Satellitenschüssel montiert ist. Daran lässt sich ein Sat-Receiver betreiben, der das TV-Signal fernsehtauglich macht und an den Fernseher weiterleitet. Meist stehen in einem Privathaushalt allerdings mehrere TV-Geräte – etwa im Wohnzimmer, der Küche, im Schlaf- und Kinder-Zimmer. Auch der PC im Arbeitszimmer kommt als TV-Gerät infrage, wenn er mit einem Sat-Receiver ausgestattet ist. Soll das Fernsehen aus dem All dort überall verfügbar sein, ist eine Satellitenanlage erforderlich, an die mehrere Receiver anschließbar sind. Man spricht auch von einer Mehrteilnehmer-Anlage.

Nicht jede Sat-Anlage lässt sich nachträglich für beliebig viele Teilnehmer aufrüsten. Sie sollten also schon vor dem Kauf der Anlage wissen, in wie vielen Räumen Sie sat-TV zu nutzen gedenken. Denken Sie dabei auch an die Zukunft. Selbst wenn Sie heute nur wenige TV-Geräte betreiben, heißt das nicht, dass das auch in Zukunft so bleiben muss. Denken Sie zum Beispiel auch an das Jugendzimmer, in dem heute noch kein Fernseher steht aber schon in wenigen Jahren gefragt sein kann.

Berücksichtigen Sie nicht nur die Anzahl der mit Sat-TV zu versorgenden Fernseher. Beabsichtigen Sie, auch einen Festplatten-Receiver mit Doppeltuner zu betreiben, brauchen Sie allein für dieses eine Gerät zwei Sat-Anschlüsse.

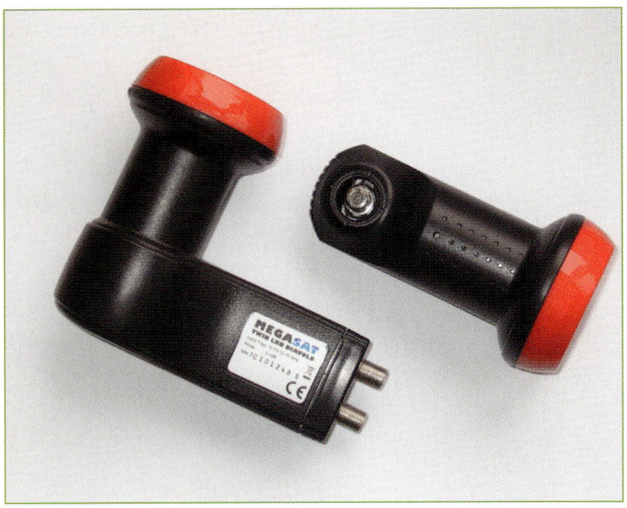

Abb. 1.1 – Vor allem bei preiswerten Sat-Einsteigersets erlauben die mitgelieferten LNB nur den Anschluss eines oder zweier Receiver. Mit solchen LNBs können Sie keine Sat-TV-Anlage für ein ganzes Haus aufbauen.

1.2 Neben deutschen auch fremdsprachige Programme?

Im deutschen Sprachraum wird Satellitenfernsehen meist mit dem Empfang des Astra-Satelliten auf 19,2 Grad Ost gleichgesetzt, weil dort fast alle deutschsprachigen Sender versammelt sind. Erkundigt man sich nach einer Satellitenanlage, setzen Verkäufer deshalb oft voraus, dass man nur deutsche Programme sehen möchte. Dabei können auch Sendungen in fremden Sprachen ihren Reiz haben – zum Beispiel, wenn es darum geht, die eigenen Sprachkenntnisse zu erweitern. Selbst wenn Sie Englisch oder Französisch nur lückenhaft beherrschen, reicht es meist, um den Sinn zu erfassen, da auch die Bilder zum Verständnis beitragen. Nebenbei werden Sie mit der Sprachmelodie vertraut und verbessern so durch Hören und Sehen Ihre Fremdsprachenkenntnisse. Das klappt natürlich nur mit attraktiven Sendern, die Sie gern einschalten. Klassische internationale Nachrichtensender wie CNN eignen sich dafür wahrscheinlich weniger – wohl aber Sender, die einen spannenden Spielfilm in der Originalfassung übertragen.

Fremdsprachige Sender sind auch interessant, wenn man eine andere Muttersprache als Deutsch hat. Jede Sprachregion besitzt einen Satelliten, der vor allem Programme in der Heimatsprache überträgt. Um die erweiterte Programmvielfalt zu empfangen, genügt es in vielen Fällen, einen zweiten LNB im Satellitenspiegel zu montieren. Welcher oder welche Satelliten anzupeilen sind, hängt davon ab, welche Fernsehprogramme man sehen möchte. Daraus ergibt sich die notwendige Größe der Satellitenschüssel – denn nicht alle Satelliten sind in und um Deutschland mit gleicher Signalstärke zu empfangen.

Alleine auf Astra kann man unter anderem TV-Programme aus Großbritannien, Frankreich, Spanien, Portugal, Italien, Tschechien, Polen, Kuba, Südkorea, Marokko, Tunesien, Algerien, Türkei, Brasilien, den Niederlanden, Russland und etwa Luxemburg, empfangen.

Abb. 1.2 – Selbstverständlich ist der arabische Nachrichtensender Al Jazeera auch auf Astra zu sehen.

Abb. 1.4 – Fernsehen aus Südkorea: Arirang

Abb. 1.3 – RTM1 aus Marokko.

Abb. 1.5 – Polonia International, das polnische Auslandsfernsehen

1.3 Analog oder digital?

Diese Frage hat sich mittlerweile erübrigt, weil im Gegensatz zu früher alle Satelliten im oberen und unteren Ku-Band die Fernsehprogramme in digitaler Qualität übertragen. Das untere Ku-Band umfasst die Satellitenfrequenzen zwischen 10,7 Gigahertz (GHz) und 11,7 GHz, das obere Ku-Band den Bereich zwischen 11,7 GHz und 12,75 GHz. Stammt eine analoge Satellitenanlage aus der Mitte der 90er-Jahre oder ist jüngeren Datums, lässt sich daran meist ohne Umbau ein moderner Digitalreceiver betreiben.

Der digitale Satellitenempfang bringt zahlreiche Vorteile mit sich. Nur mit ihm können Sie auf eine stetig wachsende Anzahl von TV- und Radioprogrammen zurückgreifen. Damit steigt das Angebot an deutsch- und fremdsprachigen Programmen quasi von selbst. Schon heute können Sie über Astra mehr als dreimal so viele deutsche Sender sehen als mit einer altmodischen analogen Schüssel. Interessieren Sie sich auch für Pay-TV, führt ohnehin kein Weg am Digitalempfang mehr vorbei. Egal, ob Sie sich für aktuelle Spielfilme, Fußball, die Formel 1 oder für bestimmte Spartenkanäle interessieren, sie gibt es nur über Digital-Sat.

Mit dem Digital-Receiver gewinnen Sie auch an Bedienungskomfort. Während Sie zum Beispiel durch die Kanäle zappen, können Sie in Bildschirmeinblendungen sofort nachlesen, welche Sendung am gerade eingestellten Kanal läuft. Wenn Sie wollen, können Sie sich auf Knopfdruck auch Detailinfos zur Sendung anzeigen lassen. Haben Sie vergessen, rechtzeitig eine neue TV-Zeitschrift zu kaufen, macht das beim Digitalempfang überhaupt nichts. Ihr Digital-Receiver informiert Sie oft sogar umfangreicher über die Sendefolgen Ihrer Lieblingssender, als Sie es von Ihrer Fernsehzeitschrift gewohnt sind.

Analogen Satelliten-Empfang können Sie dann noch betreiben, sollten Sie noch einen alten analogen Receiver haben, den Sie für den Zweit- oder Drittfernseher nutzen. Da Analog-TV über Satellit nur noch für wenige Jahre geboten wird und die ersten Sender bereits in Bälde ihre analoge Ausstrahlung einstellen werden, haben Sie mit diesen alten Geräten nur ein eingeschränktes, schrumpfendes Programmangebot. Nutzen Sie im Haushalt parallel auch eine Digitalbox, werden Sie ohnehin sehr schnell deren Vorteile zu schätzen lernen und auch den Analog-Receiver schneller als Sie ursprünglich gedacht hätten durch einen digitalen ersetzen.

1.4 Sind auch verschlüsselte Programme von Interesse?

Die meisten deutschsprachigen Satellitenprogramme werden unverschlüsselt übertragen. Für ihren Empfang genügt ein einfacher und preiswerter Free-to-Air-Receiver (FTA). Da sich diese Geräte nicht nachträglich mit einem Decodiermodul erweitern lassen, kann man mit ihnen verschlüsselte Programme nicht sehen – was ein Nachteil sein kann: Neben dem großen deutschen Pay-TV-Betreiber Premiere können auch das TechniSat-Radiopaket oder verschiedene Erwachsenenprogramme interessant sein oder werden. Da der digitale TV-Markt sehr lebendig ist, ist nicht auszuschließen, dass schon in nächster Zeit ein verschlüsselter Spartenkanal startet, den Sie gern sehen möchten. Dafür brauchen Sie einen digitalen Sat-Receiver, in den ein Schlitz für die Aufnahme von Decodiermodulen eingebaut ist – man spricht auch von CI-Receivern. Die Abkürzung CI steht dabei für Common Interface-Schacht. Zusammen mit einer Smartcard, die in das Decodiermodul zu stecken ist, lassen sich mit dem CI-Empfänger verschlüsselte Programme verfolgen.

Abb. 1.6 – Nur wenn in einen digitalen Satellitenreceiver mindestens eine CI-Schnittstelle eingebaut ist, lässt er sich bei Bedarf für fast jedes Verschlüsselungssystem erweitern.

1.5 Welche Funktionen soll der Sat-Receiver beherrschen?

Diese Frage mag zunächst überflüssig erscheinen, da man den Satellitenreceiver zum Fernsehen braucht. Die Ausstattung der Geräte entscheidet allerdings darüber, wie komfortabel und umfangreich Sie das Programmangebot nutzen können. Mit einem zuvor beschriebenen CI-Receiver sollte man sich deshalb den Zugang zu verschlüsselten Sendern offen halten. Er ist nachträglich mit beliebigen Decodiermodulen erweiterbar und lässt so keine Wünsche offen. Mit zunehmender Verbreitung von LCD- und Plasma-Flachbildschirmen steigt außerdem der Wunsch, Programme auf großen Bildschirmen in hoher Auflösung zu sehen. Das hochauflösende großformatige Fernsehen HDTV fristet zwar noch ein Nischendasein, allerdings steigt die Zahl der Programme in HDTV-Qualität kontinuierlich. Möchte man HDTV-Kanäle empfangen, ist dafür ein sogenannter HD-Receiver erforderlich. Mit ihm sind selbstverständlich auch alle anderen Sender empfangbar, die ihre Programme in Standardauflösung übertragen, wie beispielsweise ARD und ZDF.

Sehr komfortabel sind Digitalreceiver mit eingebauter Computerfestplatte, mit der sich Fernseh- und Radio-Programme ohne Verluste digital aufzeichnen lassen. Zu den beliebtesten Funktionen dieser Festplattenreceiver zählt das zeitversetzte Fernsehen, mit dem der Zuschauer den Programmablauf selbst gestalten kann. Auf Knopfdruck wird das Fernsehprogramm gestoppt, das der Satellit gerade überträgt. Wieder per Knopfdruck wird das Programm nahtlos fortgesetzt, oder man sieht sich die Sendung erst ein paar Tage später an, ganz nach Belieben.

Bleibt die Frage, welche Geräte Sie an den Digitalreceiver anschließen möchten. Für eine Dolby-Digital-Anlage muss der Receiver einen digitalen Audio-Ausgang besitzen. Möchten Sie auch einen Videobeamer ansteuern, ist ein Cinch-Video-Ausgang oder noch besser ein Komponenten-Ausgang von Interesse. Die Zahl der eingebauten Scartbuchsen ist zu berücksichtigen, wenn Sie neben dem Fernsehgerät auch einen Videorekorder an den Receiver anschließen möchten. Einfache Receiver mit nur einer Scartbuchse reichen dafür nicht.

1.6 Hören Sie gern Radio?

Die TV-Satelliten wie Astra oder Hot Bird übertragen nicht nur Fernseh-, sondern auch viele Radio-Programme. Allein der Astra-Satellit liefert fast alle ARD-Radios in digitaler Qualität. Insgesamt sind über Astra über hundert deutschsprachige Radioprogramme zu empfangen, zu denen zahlreiche deutsche Privatradios und die ORF-Rundfunkprogramme aus Österreich gehören. Einige dieser Programme werden sogar in der mehrkanaligen Stereowiedergabe Dolby 5.1 übertragen. Hinzu kommen Hörfunksender aus anderen europäischen Ländern wie Frankreich, Spanien oder den Niederlanden. Andere Satelliten übertragen nicht minder interessante Radiosendungen aus ganz Europa und sogar anderen Kontinenten. Um die Programme komfortabel hören zu können, benötigt der Sat-Receiver mindestens einen Cinch-Audio-Ausgang, der auf der Geräterückseite an der weißen und roten Buchse zu erkennen ist. Zur Wiedergabe von Dolby-5.1-Sendungen ist außerdem ein digitaler Audio-Ausgang erforderlich, der die Verbindung zum Dolby-Digital-Verstärker herstellt. Viele Hersteller vertreiben überdies Sat-Receiver, bei denen ein textfähiges Display den Namen des gerade ausgewählten Senders anzeigt.

Auf die Möglichkeit, mit dem digitalen Sat-Receiver auch Radio hören zu können, wird meist kaum geachtet. Dennoch bietet gerade dieser Verbreitungsweg die größte Auswahl nicht nur an deutschsprachigen Sendern. Außerdem können Sie besonders die deutschen Radiosender über keinen anderen Verbreitungsweg in annähernd gleicher Qualität empfangen. Die überragende Tonqualität etwa der ARD-Rundfunkprogramme über Satellit lässt UKW und Kabel alt aussehen.

Abb. 1.7 – Sat-Receiver mit Volltext-Display zeigen den Namen des eingestellten Senders an. Dieses Feature ist vor allem beim Radiohören äußerst nützlich. (Bild: Kathrein)

1.7 Überblick über unterschiedliche Satellitenanlagen

Um Ihnen die Zusammenstellung einer individuell passenden Satellitenanlage zu erleichtern, beschreibt das Buch im Folgenden unterschiedliche Konfigurationen, die in der Praxis anzutreffen sind. Von den vorgestellten Anlagen sind einige auch als Komplettsets zu haben, bestehen aber oft aus No-Name-Ware. Möchten Sie Komponenten von Markenherstellern nutzen und die Satellitenanlage auf die eigenen Bedürfnisse optimal zuschneiden, lässt sie sich am besten selbst planen und zusammenstellen. Dabei ist zu berücksichtigen, wie viele und welche Satellitenreceiver Sie nutzen möchten, wie viele Satelliten verfügbar und ob die Anlage erweiterbar sein soll. Welche Satellitenantennen, LNBs und Sat-Receiver für welche Anwendungen gezielt infrage kommen, darüber informieren später die Kapitel *Antennen-Tipps für optimalen Empfang*, *Welchen LNB für welchen Zweck?* und *Den passenden Digitalreceiver finden* ausführlich.

Einteilnehmer-Anlage für Camping und Wochenendhaus

Wie der Name vermuten lässt, versorgt bei der Einteilnehmer-Anlage ein LNB einen Sat-Receiver mit Fernseh- und Radio-Signalen aus dem All. Im Brennpunkt der Sat-Schüssel ist ein sogenannter Single-LNB eingebaut, von dem ein Antennenkabel zum Sat-Receiver zu verlegen ist. Zwei oder mehr Receiver sind nicht anschließbar. Anfang der 90er-Jahre waren Einteilnehmer-Anlagen allgemeiner Standard. Inzwischen sind die Anforderungen an eine Sat-Anlage gewachsen, so dass sie heute nur noch in Ausnahmefällen genügen. Sinnvolle Einsatzgebiete finden sich vor allem im Camping-Bereich oder im Wochenendhäuschen – also überall dort, wo nur ein Fernseher steht und der TV-Konsum nicht so wichtig ist.

Mehrteilnehmer- oder Gemeinschafts-Anlage

Satellitenanlagen für mehrere Fernsehteilnehmer versorgen mindestens zwei Sat-Receiver mit TV-Sig-

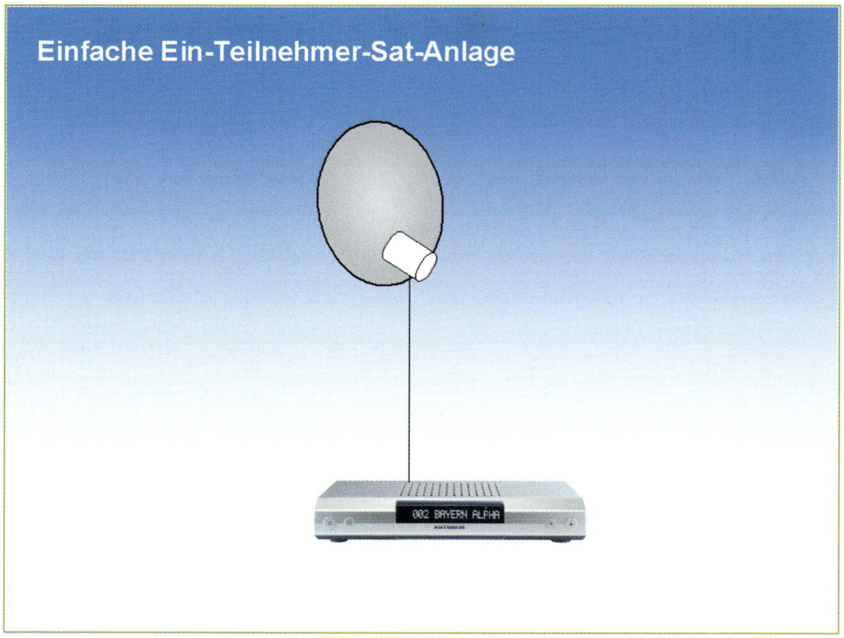

Abb. 1.8 – Einteilnehmer-Anlagen erlauben nur den Anschluss eines Sat-Receivers und eignen sich für den Wohnwagen oder das Wochenendhaus.

nalen, oder sie liefern in Wohnblöcken die Fernsehbilder für mehrere Hundert Zuschauer. Für größere Anlagen kommt ein spezieller Quattro-LNB in Verbindung mit einem erweiterbaren Multischalter zum Einsatz, so dass beliebig viele Receiver anschließbar sind. Die Anlage lässt sich nachträglich um weitere Anschlüsse erweitern und ist damit zukunftssicher – egal, ob Sie später zusätzlich in der Küche, im Jugendzimmer oder im Hobbyraum Satelliten-TV sehen möchten. Für den heimischen Bereich konnten sich in den vergangenen Jahren verschiedene LNB-Typen für zwei, vier oder acht Teilnehmer etablieren, in die der Multischalter bereits eingebaut ist. Von solchen LNBs können Sie von jeder Ausgangsbuchse ein Antennenkabel direkt zu den Satellitenreceivern verlegen. Für Einfamilienhäuser sind meist Mehrteilnehmer-Anlagen mit vier anschließbaren Receivern zu empfehlen.

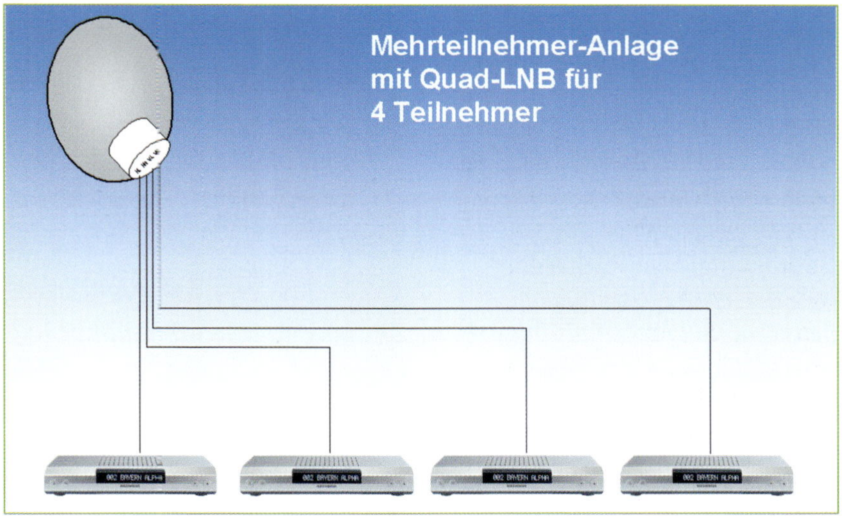

Abb. 1.9 – Eine Mehrteilnehmer-Satellitenanlage, die für den Anschluss von vier Receivern ausgelegt ist, eignet sich für Einfamilienhäuser.

Einsatelliten-Anlage für Astra

Mit einer Satellitenantenne wird im deutschen Sprachraum meist nur

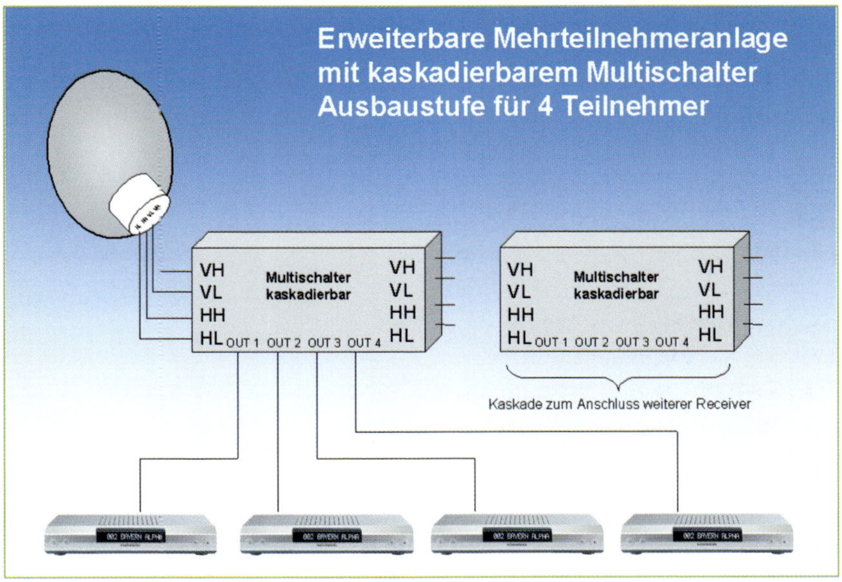

Abb. 1.10 – Kaskadierbare Multischalter lassen sich bei Bedarf um weitere Schalterbausteine erweitern, um zusätzliche Receiver an die Satellitenantenne anzuschließen.

die deutsche Astra-Position auf 19,2 Grad Ost angepeilt. Da in diesem Fall der Receiver nur Satellitensignale von einer Position im All erhält, spricht man von einer Einsatelliten-Anlage.

Doppel- und Mehrfachfeed-Anlagen peilen mehrere Satelliten an

Doppelfeed-Anlagen besitzen im Brennpunkt der Satellitenschüssel zwei LNBs, die die TV- und Radio-Signale zweier Satelliten empfangen, die am Himmel nahe beieinander liegen. In Deutschland werden oft Doppelfeed-Anlagen verwendet, die gleichzeitig Astra auf 19,2 Grad Ost und Hot Bird auf 13 Grad Ost anpeilen. Möchten Sie mehrere Satellitenreceiver daran anschließen, ist ein kaskadierbarer Multischalter mit acht Sat-Eingangsbuchsen zu empfehlen, der später um beliebig viele angeschlossene Digitalreceiver erweiterbar ist. Dieser ist auch erforderlich, wenn Sie neben dem Satelliten-TV Programme von der alten Dachantenne empfangen möchten. Dazu gehören das digitale Antennenfernsehen DVB-T oder das analoge UKW-Radio. Können Sie darauf verzichten, lässt sich auch mit einem Monoblock-LNB eine Mehrteilneh-

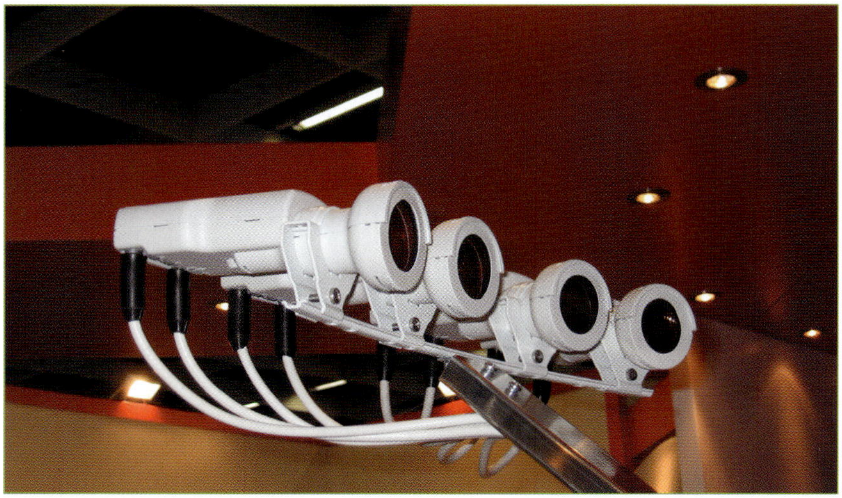

Abb. 1.11 – Mehrfachfeed-Anlagen empfangen mit einer Satellitenantenne und mehreren LNBs bis zu 20 Satelliten.

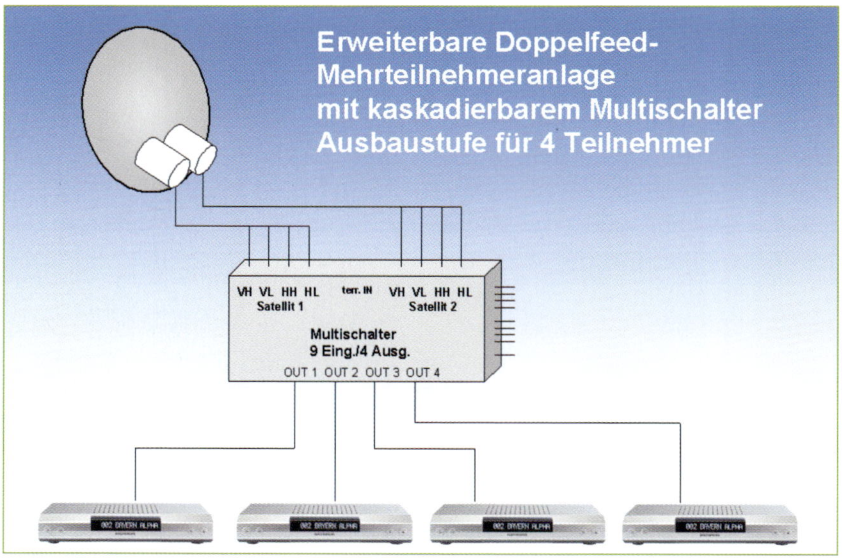

Abb. 1.12 – Sollen mehrere Fernsehteilnehmer zwei Satellitenpositionen empfangen können, ist ein Multischalter mit acht Sat-Zf-Eingängen zu empfehlen.

mer-Anlage aufbauen, an die zwei oder vier Digitalreceiver anschließbar sind. Dieser LNB empfängt ebenfalls zwei Satellitenpositionen am Himmel, die mit einem Abstand von 6 Grad fest vorgegeben sind. Infrage kommen wieder Astra auf 19,2 Grad Ost und Hot Bird auf 13 Grad Ost. Obwohl dieser LNB zwei Satellitenpositionen empfängt, reicht ein Antennenkabel zu jedem Receiver.

Exklusiv sind Mehrfachfeed- oder Multifeed-Anlagen, die mit einer Antenne bis zu 20 Satelliten erreichen, aber einen hohen Installationsaufwand erfordern. Diese Anlagen sind deshalb nur bei einigen Insidern und Sat-Freaks anzutreffen, der ungeübte Laie sollte den Aufbau Fachleuten überlassen.

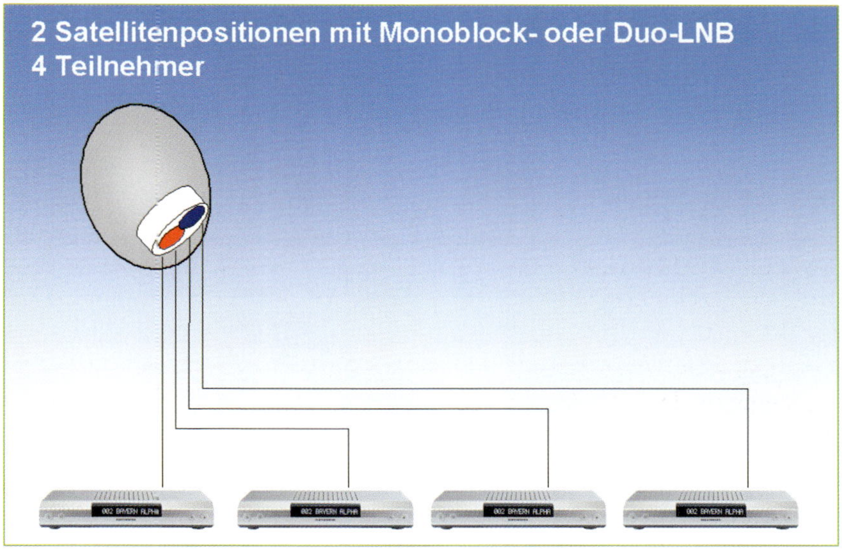

Abb. 1.13 – Verdrahtungsbeispiel für eine Satellitenanlage, bei der vier Fernsehteilnehmer durch den Monoblock-LNB zwei Satellitenpositionen empfangen können.

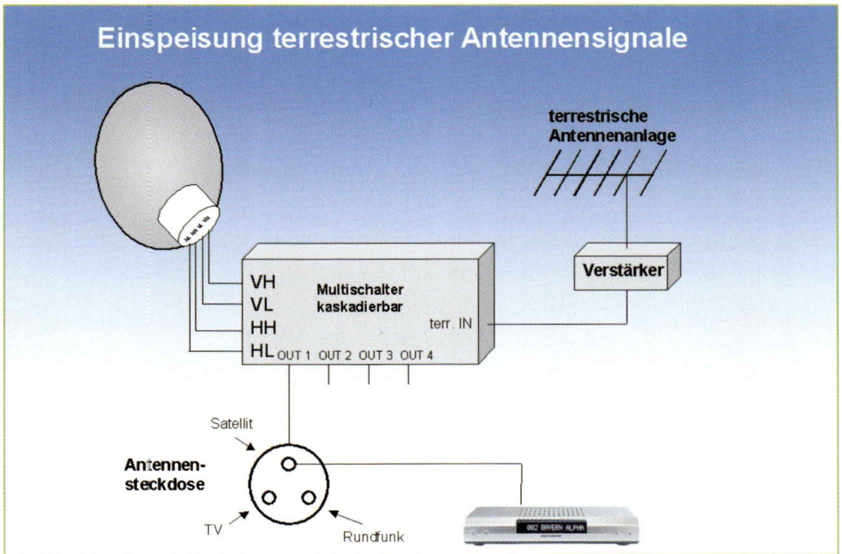

Abb. 1.14 – Soll der Multischalter neben dem Satelliten-TV auch Programme von der alten Dachantenne im Haus verteilen, benötigen Sie eine Antennensteckdose.

1.7 Überblick über unterschiedliche Satellitenanlagen

Abb. 1.15 – Ein Multischalter

Drehbare Antennen empfangen die meisten Programme

Eine drehbare Satellitenantenne ist zu empfehlen, wenn Sie möglichst viele Satelliten empfangen möchten. Im Komplettset ist sie nicht zu haben, man muss sich die Drehanlage also selbst bauen – und das ist kein Problem: Mit einem sogenannten DiSEqC-Motor, der zwischen 70 Euro und 130 Euro kostet, lässt sich beinahe jeder vorhandene Satellitenspiegel leicht zur drehbaren Satellitenschüssel erweitern. Da fast alle Digitalreceiver auch DiSEqC-Motoren steuern können, muss man sich keinen neuen Sat-Receiver kaufen – und die geringe Investition für einen Motor lohnt sich: Mit einer 90-cm-Schüssel lassen sich in Mitteleuropa mehr als 30 Positionen im All anpeilen. Neben Fernseh- und Radio-Programmen aus aller Welt sind auch zahlreiche Video-Überspielungen zu empfangen. Diese übertragen beispielsweise ungeschnittene Nachrichtenbeiträge vom Ort des Geschehens zum TV-Studio. So lassen sich mit einer Drehanlage Tausende Programme auf dem heimischen Fernsehbildschirm verfolgen. Obwohl viele verschlüsselt sind, bleibt eine vierstellige Zahl frei empfangbarer Sender übrig, sofern man eine Satellitenschüssel mit einem Durchmesser von mindestens 85 cm verwendet. Drehanlagen eignen sich allerdings nur für Einteilnehmer-Anlagen mit einem angeschlossenen Satellitenreceiver. Da der Motor nur eine Antenne drehen kann, würde er bei einer Mehrteilnehmer-Anlage automatisch bestimmen, welche Programme mit allen angeschlossenen Digitalreceivern zu empfangen sind. Für Gemeinschaftsanlagen kommen drehbare Satellitenschüsseln deshalb nicht in Frage. Sie sind allerdings eine Alternative zu teuren Multifeed-Anlagen, die meist als Einteilnehmer-Anlagen konzipiert sind. Der einzige Vorteil der Mehrfachfeed-Anlage gegenüber der Drehanlage sind die kürzeren Umschaltzeiten zwischen Programmen von verschiedenen Satelliten. Für die Drehanlage spricht dagegen der geringe Preis, die leichte Montage und dass sich alle Satelliten am Himmel mit ausreichender Signalstärke empfangen lassen.

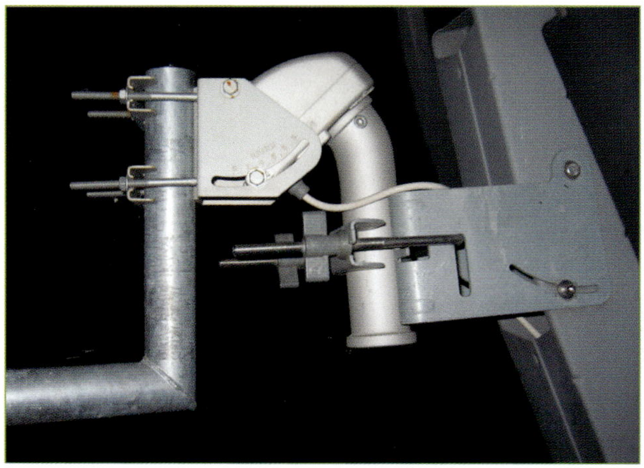

Abb. 1.16 – Bestehende Satellitenschüsseln lassen sich leicht und preiswert mit DiSEqC-Motoren zu Drehanlagen erweitern, die alle Satelliten am Himmel mit ausreichendem Signalpegel empfangen.

2 Antennen-Tipps für optimalen Empfang

Möchten Sie Komponenten von Markenherstellern nutzen und die Satellitenanlage auf die eigenen Bedürfnisse optimal zuschneiden, lässt sie sich am besten selbst planen und zusammenstellen. Neben LNB und Sat-Receiver brauchen Sie dafür eine Satellitenantenne, die es in unterschiedlichsten Größen gibt. Doch welche Satellitenschüssel ist für den optimalen Empfang die richtige? Je größer der Durchmesser des Satellitenspiegels ist, umso mehr Antennengewinn und Signalpegel liefert er und garantiert so einen guten Empfang – vorausgesetzt, er ist gut verarbeitet. Damit der Sat-Receiver die himmlischen Fernsehprogramme an das TV-Gerät weitergeben kann, muss das Satellitensignal einen bestimmten Mindestpegel über dem Grundrauschen besitzen. Dieser so genannte C/N-Wert sollte möglichst hoch sein, um dadurch ausreichend Schlechtwetterreserven zu besitzen. Er garantiert damit einen hohen Signalpegel, der auch bei dichter Bewölkung oder Regen einen optimalen Empfang sicherstellt. Bei Einteilnehmer-Anlagen wird ein Signalpegel von mindestens 10 Dezibel (dB) über dem Grundrauschen empfohlen. Für Mehrteilnehmer-Anlagen sind 12 dB erforderlich. Dieses Kapitel informiert über Satellitenantennen unterschiedlicher Größe, auf was bei der Verarbeitungsqualität zu achten ist und für welche Anwendungen sie infrage kommen.

2.1 60- oder 75-cm-Antenne für Astra-Empfang

Für die meisten Regionen Deutschlands ist bei einer Einteilnehmer-Anlage eine qualitativ hochwertige 60-cm-Schüssel für den Empfang von Astra auf 19,2 Grad Ost anzuraten. Nur sie liefert einen genügend hohen Signalpegel, der auch bei schlechtem Wetter einen einwandfreien Empfang garantiert. Im Osten Deutschlands und Österreichs greift man dagegen besser zur 75-cm-Antenne. Da hier die Signalpegel teilweise etwas geringer ausfallen, können Satellitenspiegel mit einem Durchmesser von 60 cm bei schlechtem Wetter das Fernsehbild verleiden.

Auf der „deutschen" Astra-Position sind derzeit fünf Satelliten kopositioniert. Bei jedem unterscheidet sich der Footprint, das ist die Ausleuchtzone, die die vom Satelliten versorgten Regionen darstellt. Während in Deutschland der Empfang durchweg bei allen Kanälen etwa gleich gut ist, machen sich diese Unterschiede in anderen Regionen Europas deutlicher bemerkbar.

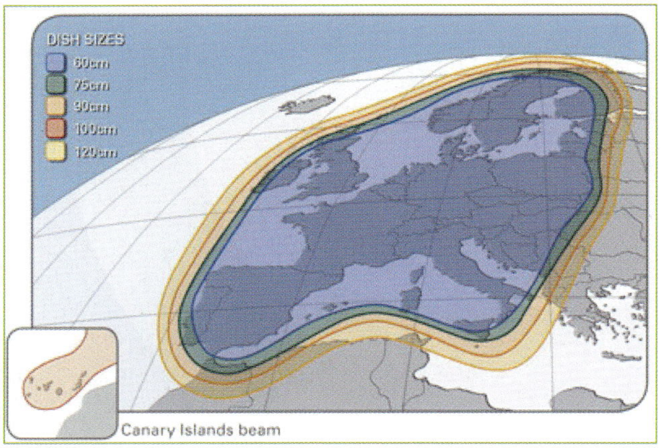

Abb. 2.1 – Einer der Footprints des Astra 1G auf 19,2° Ost. (Bild: Astra)

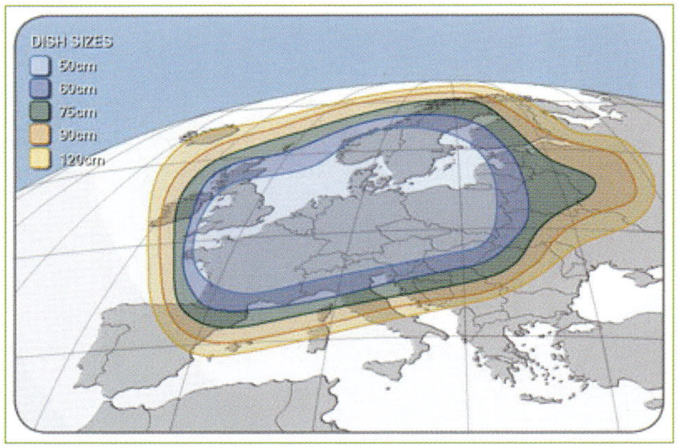

Abb. 2.2 – Einer der Footprints des Astra 1F auf 19,2° Ost. (Bild: Astra)

2.2 90-cm-Antenne empfängt fast alle Satelliten

Am besten fährt man in Europa mit einem Antennendurchmesser von rund 90 cm, der auch für Mehrteilnehmer-Anlagen in Einfamilien- und Reihen-Häusern zu empfehlen ist. Dieser überzeugt durch hohe Signalpegel, so dass man fast alle Satelliten im sogenannten Ku-Band empfangen kann, die Programme nach Europa übertragen. Das Ku-Band umfasst sämtliche Satellitenfrequenzen zwischen 10,7 GHz und 12,75 GHz. Größere Antennen ab 85 cm Durchmesser lassen sich bei Bedarf jederzeit nachträglich zur Doppel- oder Mehrfachfeed-Anlage erweitern. Mit Hilfe eines zweiten LNB oder speziellen Doppel-LNBs kann man so ohne großen Installationsaufwand zwei Satellitenpositionen mit einer Satellitenschüssel anpeilen. Möchte man neben deutschen auch internationale Programme sehen, ist beispielsweise neben dem deutschen Astra-Satelliten auf 19,2 Grad Ost auch Hot-Bird auf 13 Grad Ost interessant. Alternativ kommt auch die zweite Astra-Position auf 23,5 Grad Ost infrage, über die verschiedene HDTV-Programme und das Internet übertragen werden. Auch die britische Astra-Position auf 28,2° Ost kann mit ihren zahlreichen englischsprachigen Sendern locken.

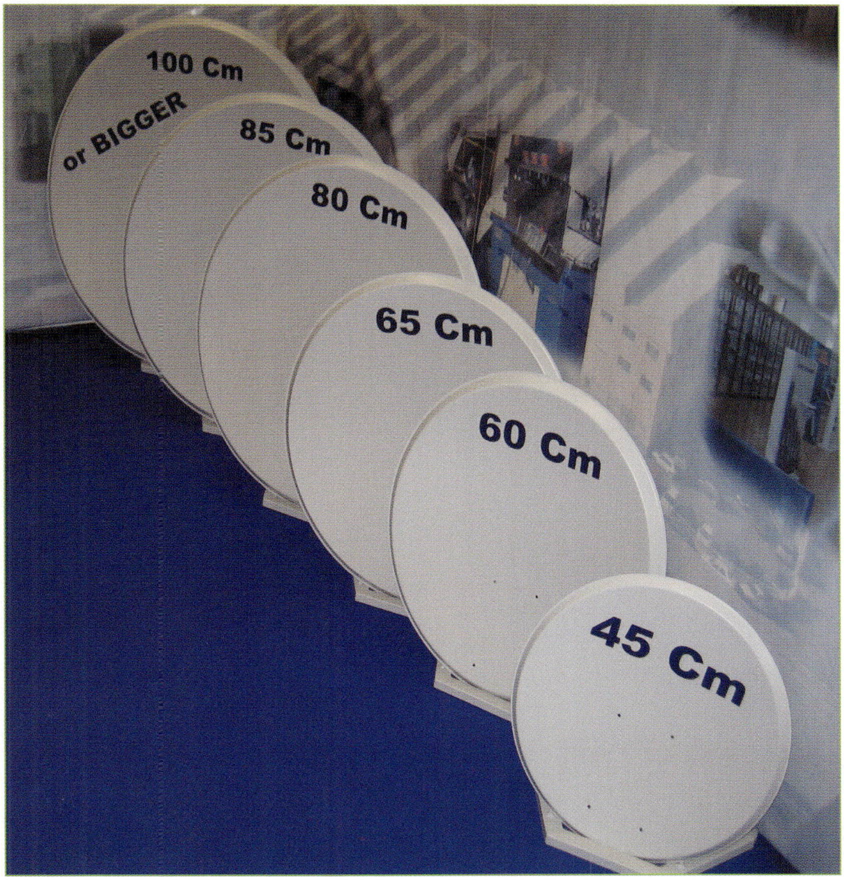

Abb. 2.3 – Satellitenantennen gibt es in unterschiedlichen Größen. In Mitteleuropa ermöglicht ein Schüsseldurchmesser von 90 cm optimalen Empfang.

2.3 Mit kleiner Satellitenantenne „Schüsselverbot" umgehen

Auf Grund ihrer geringen Größe von rund 40 cm Durchmesser liefern kleine Satellitenantennen einen geringeren Signalpegel. Gelegentlich werden sie für den zuverlässigen Satellitenempfang in Deutschland empfohlen. Das klappt in der Praxis allerdings nur bei schönem Wetter und bei leistungsstarken Satelliten wie Astra auf 19,2 Grad Ost. Bei Regen, dichten Wolken, Gewitter oder Schneefall hat man schlechte Karten, da der TV-Empfang gestört sein kann: Der Bildschirm bleibt schwarz. Trotzdem kann eine kleine Antenne interessant sein: für Camper und Fernsehzuschauer, die auf eine unauffällige Antenne angewiesen sind, weil sie offiziell keine aufbauen dürfen. Man erhält die Miniaturschüsseln meist als Komplettset für mobile Anwendungen. Sie sind eine Kompromisslösung, die den beengten Platzverhältnissen von Campern Rechnung tragen. Auf Reisen nimmt man es am ehesten in Kauf, wenn der eine oder andere Satellitenkanal nicht oder nur gestört zu empfangen ist. Im heimischen Wohnzimmer ist das dagegen kaum zufriedenstellend – es sei denn, die Installation einer normalen Satellitenantenne ist nicht möglich, weil das der Vermieter verboten hat. In diesem Fall können Minischüsseln den Fernsehkonsum aus dem All ermöglichen. Sie erfordern keine feste Montage und lassen sich zum Beispiel unbemerkt am Balkon aufstellen. Schüsselverbote können Sie so umgehen.

Abb. 2.4 – Mini-Sat-Antennen können unterschiedlichste Formen haben. Hier ein Vergleich zwischen einer Flachantenne und einer 90er-Schüssel.

Abb. 2.5 – Es gibt sogar Multifeed-Antennen für vier Satellitenpositionen mit nur 45 cm Diagonale. Von den Empfangsleistungen sollte man sich aber, wie allgemein bei sehr kleinen Schüsseln, nicht zu viel erwarten.

2.4 Satelliten genau anpeilen

Satelliten lassen sich am besten mit einer größeren Satellitenschüssel anpeilen, weil sie einen kleinen Öffnungswinkel besitzt. Dieser legt fest, in welchem Himmelsbereich Satelliten empfangbar sind. Er steigt mit abnehmendem Antennendurchmesser, so dass sich sehr kleine Satellitenspiegel mitunter nur schwer auf eine bestimmte Satellitenposition ausrichten lassen. Die Folge sind mögliche Störungen von benachbarten Satelliten, vor allem, wenn die Antenne den angepeilten Satelliten nicht genau anschaut.

Abb. 2.6 – Je größer eine Satellitenantenne ist, umso genauer muss sie auf den zu empfangenden Satelliten ausgerichtet werden. Keine Angst: Während das bei Riesenspiegeln in mühevolle Kleinarbeit ausarten kann, ist das bei üblichen Schüsseldurchmessern bis 90 cm (rechts unten) absolut kein Problem und von jedermann leicht zu bewerkstelligen.

2.5 Optimale Größe einer Satellitenantenne für Einteilnehmer-Anlagen

Die folgende Tabelle zeigt den empfohlenen Mindestdurchmesser einer Satellitenschüssel für Einteilnehmer-Anlagen mit einem angeschlossenen Receiver. Der Mindestdurchmesser ist vom Pegel des Satellitensignals am Empfangs-Ort und damit vom Leistungspegel des Satelliten abhängig, den die Abkürzung EIRP in Dezibel Watt (dBW) angibt. Richtwerte liefern die Homepages der Satellitenbetreiber oder die Footprintkarten unter *www.lyngsat.com*. Der Footprint zeigt auf einer Landkarte den Empfangsbereich eines Satelliten, man spricht auch von der Ausleuchtzone. Der Berechnung liegt ein LNB mit einer Rauschzahl von 0,7 dB zu Grunde. Die meisten LNBs haben laut Aufdruck wesentlich geringere Rauschzahlen und sollten deshalb die Satellitensignale noch besser empfangen. Da allerdings die Fertigungstoleranzen groß sind, muss ein LNB mit 0,2 dB nicht besser sein als ein LNB mit 0,6 dB. Beim Gebrauch eines rauschärmeren LNBs sollte man deshalb nicht auf geringere Antennendurchmesser zurückgreifen.

EIRP	empfohlener Antennendurchmesser für Einteilnehmer-Anlagen
43 dBW	1 m
44 dBW	90 cm
45 dBW	90 cm
46 dBW	80 cm
47 dBW	75 cm
48 dBW	70 cm
49 dBW	65 cm
50 dBW	60 cm
51 dBW	55 cm
52 dBW	50 cm
53 dBW	50 cm
54 dBW	45 cm
55 dBW	40 cm
56 dBW	38 cm

Der erforderliche Durchmesser einer Satellitenantenne wird davon bestimmt, wo Sie welche Satelliten empfangen möchten. Während etwa in Deutschland eine 60-cm-Schüssel bereits für den Empfang aller Astra-Programme auf 19,2° Ost ausreicht, haben Sie mit der gleichen Antenne in Griechenland kein Glück. Nur zwei der auf 19,2° Ost kopositionierten Astras strahlen überhaupt in diese Gegend. Und selbst da bräuchten Sie zumindest eine 75er-Schüssel. Gleiches gilt auch für andere Satellitenpositionen. Während Sie etwa verschiedene arabische Satelliten bereits in Süditalien mit kleinen Spiegeln sehen können, brauchen Sie umso mehr Blech, je weiter Sie im Norden wohnen.

Die optimale Antennengröße ergibt sich daraus, welchen Satelliten Sie empfangen wollen, wo Sie wohnen und wie es um die Qualität Ihrer Sat-Anlage bestellt ist.

2.6 Auf Verarbeitungsqualität der Antenne achten

Neben dem Schüsseldurchmesser entscheidet die Verarbeitungsqualität der Antenne über guten Satellitenempfang. Neben der exakten Form des Reflektors ist auf dessen Material zu achten. Billige Satellitenspiegel sind häufig aus sehr dünnem Blech gefertigt. Bei ihnen besteht die Gefahr, sie bereits bei der Installation zu verbiegen. Das muss zwar nicht mit dem Auge sichtbar sein, schmälert aber trotzdem den Empfang. Eine hochwertige Satellitenantenne erkennt man am soliden LNB-Arm und witterungsbeständigen Materialien: Masthalterungen aus verzinktem Blech, Schrauben aus Edelstahl und Kunststoffe, die den UV-Strahlen der Sonne standhalten. Diese Anforderungen erfüllen nur bekannte Markenhersteller und gewährleisten so, dass der Anwender die Satellitenschüssel lange mit optimalen Empfangsergebnissen nutzen kann. Qualität kostet zwar Geld, aber diese Investition rechnet sich bald. Man muss sich weder über verbiegende Reflektoren bei der Installation noch über braune Flecken an der Hausfassade durch rostende Schrauben und Blechteile ärgern. Vermeintliche Schnäppchen sind außerdem meist weniger sturmfest: Der Reflektor federt bei starkem Wind nach links und rechts und kann sich so verbiegen. Gelegentlich wird der Reflek-

Abb. 2.7 – Vereinzelt werden Satellitenantennen aus perforiertem Blech hergestellt, um weniger auffällig zu sein. Das schmälert den Empfang.

2.6 Auf Verarbeitungsqualität der Antenne achten

tor sogar aus der Halterung gerissen. Solide und meist auch etwas schwerere Antennen trotzen dagegen selbst starken Sturmböen. Außerdem liefert solide Markenqualität einen um bis zu 4 dB höheren Antennengewinn im Vergleich zu billiger No-Name-Ware – bei gleichem Durchmesser! Tests haben ergeben, dass eine minderwertige 90-cm-Schüssel teilweise nur so gut empfängt wie ein hochwertiger 60-cm-Satellitenspiegel.

Die Verarbeitungsqualität einer Satellitenantenne wird einmal davon bestimmt, aus welchen Materialien sie hergestellt wurde. Solide Bleche halten mehr aus als dünne. Die Ausführung der Halterung bestimmt auch, ob für Sie das Zusammenbauen und Installieren der Antenne zum Kinderspiel oder schweißtreibenden Ärgernis wird. Zumindest die Auswahl und Qualität der bei der Antenne verwendeten Materialien können Sie selbst beurteilen. Dazu brauchen Sie nur einen etwas kritischen Blick und Hausverstand.

Was sich mit freiem Auge schwer feststellen lässt, ist, mit welcher Genauigkeit ein Reflektor gefertigt wurde. Bei guter „Passform" bietet er beste Empfangsresultate. Ist er so gebogen, dass sein Brennpunkt, also der Teil, in dem der LNB montiert ist, nur vage eingehalten wird, geht wertvolle Empfangsenergie verloren. Hier liegt auch die Ursache, weshalb der Nachbar einen besseren Empfang mit seiner hochwertigen 60-cm-Antenne hat als Sie mit Ihrer billigen 90-cm-Schüssel.

Abb. 2.8 – Die Verarbeitungsqualität einer Satellitenantenne hängt auch von der Konstruktion ab. Bei diesem Modell ist die Masthalterung nicht stabil genug. Außerdem ist die Neigung, mit der die Antenne gen Himmel schaut, nur umständlich einstellbar.

3 Welchen LNB für welchen Zweck?

Wenn Sie sich für eine Satellitenantenne entschieden haben, brauchen Sie einen passenden LNB. Der Fachhandel hält unterschiedlichste Low Noise Blockconverter bereit, die als Empfänger im Brennpunkt der Satellitenschüssel zu montieren sind. Sie verstärken die Satellitensignale der Antenne und setzen diese auf tiefere Frequenzen um, damit sie der Sat-Receiver verarbeiten kann. Die tieferen Frequenzen zwischen 950 MHz und 2.050 MHz lassen sich außerdem ohne größere Verluste über Antennenkabel zum Sat-Receiver weiterleiten. Bei den Satellitenfrequenzen um 11 GHz ist das kaum möglich. LNBs sind heute meist Variationen des Universal-LNB. Man sollte neben den Features auch auf ein stabiles Gehäuse achten, das starken Stürmen und Hagelschauern standhält.

3.1 Der Universal-LNB

Der Universal-LNB ist seit Mitte der 90er-Jahre allgemeiner Standard und empfängt die Satellitensignale im gesamten Ku-Band. Man erkennt ihn an Aufdrucken wie „Universal-LNB" oder „10,7 – 12,75 GHz". Alle heute für den Individualempfang erhältlichen LNB-Typen sind Universal-LNBs, bei denen die Steuersignale genormt sind. Die Höhe der Speisespannung schaltet beispielsweise die Empfangsebene oder die Polarisation. Gibt der Receiver an seiner Sat-Zf-Buchse eine Speisespannung von 14 V aus, empfängt der LNB ausschließlich vertikal übertragene Programme. Für horizontal einfallende Satellitensignale sind 18 V zuständig. Mit dem 22-kHz-Steuersignal wechselt man zwischen dem unteren und oberen Ku-Band. Zu den Spezifikationen des Universal-LNB zählt auch die sogenannte Zf. Es handelt sich um das Übersetzungsverhältnis, mit dem er die Satellitensignale in für den Sat-Receiver empfangbare Signale umwandelt. Im unteren Ku-Band liegt die Zf bei 9,75 GHz, im oberen Ku-Band bei 10,6 GHz. Alle gängigen LNB-Typen, wie der Single- oder Quattro-LNB, sind Universal-LNBs, die sich nur in den vorgesehenen Anwendungen unterscheiden.

Abb. 3.1 – Bei diesem LNB verrät der Hinweis über den empfangenen Frequenzbereich von 10,7 – 12,75 GHz, dass es sich um ein Universal-LNB handelt.

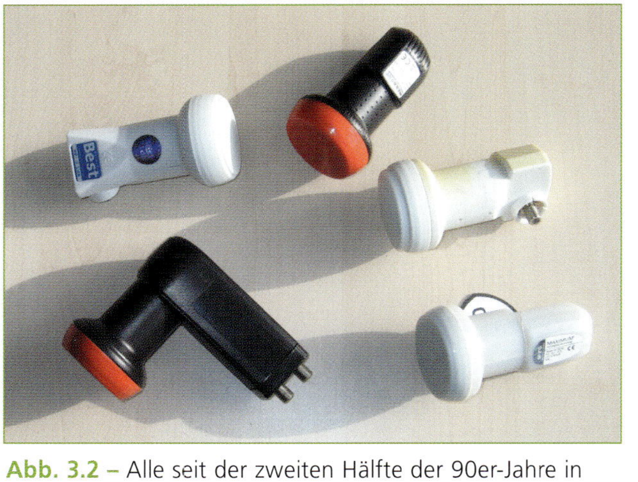

Abb. 3.2 – Alle seit der zweiten Hälfte der 90er-Jahre in unseren Sat-Antennen verbauten LNBs sind Universal-LNBs.

3.2 Der Single-LNB

Der Single-LNB ist die einfachste LNB-Variante mit einer F-Antennenkabel-Buchse zum direkten Anschluss eines einzigen Sat-Receivers. Dieser LNB kommt deshalb nur für Einteilnehmer-Anlagen infrage. Single-LNBs gehören zur Standardausstattung preiswerter Satelliten-Komplettsets.

Die große Zeit des Single-LNBs ist längst vorbei. Obwohl er in den Empfangsleistungen nicht schlechter als andere LNB-Typen ist, kann er die Anforderungen, die heute an eine Satellitenanlage gestellt werden, nicht mehr erfüllen.

Seit der terrestrische Fernsehempfang drastisch an Bedeutung verloren hat, ist der Satellitenempfang in den Vordergrund gerückt. In Zeiten, in denen es Sat-TV nur im Wohnzimmer gab, hatte der Single-LNB seine Berechtigung. Heute jedoch, wo vielfach TV-Signale ausschließlich über Satellit bezogen werden und alle Fernseher im Haushalt bedient, ist der Single-LNB überfordert. Statt seiner sind heute andere LNB-Typen, die zumindest den Anschluss von vier Receivern erlauben, gefragt.

Der Single-LNB hat nach wie vor seine Berechtigung in Drehanlagen. Diese sind jedoch nicht dafür geeignet, ein ganzes Haus mit Sat-Signalen zu versorgen, weshalb Drehanlagen und Single-LNBs nur für einen eingeschränkten Personenkreis von Interesse sind.

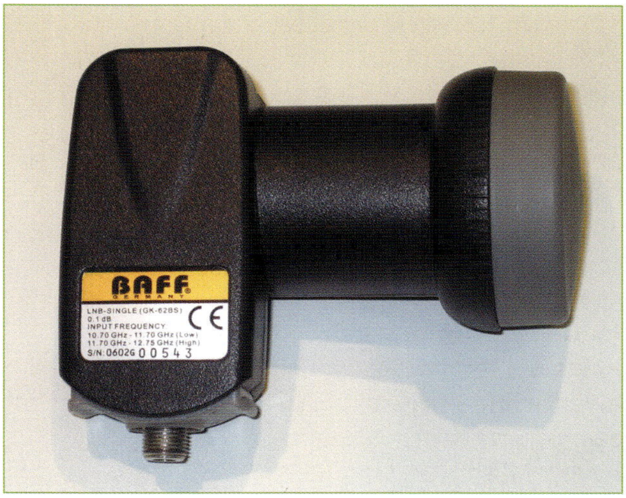

Abb. 3.3 – Single-LNBs sind für Einteilnehmer-Anlagen konzipiert und erlauben, einen Satellitenreceiver anzuschließen.

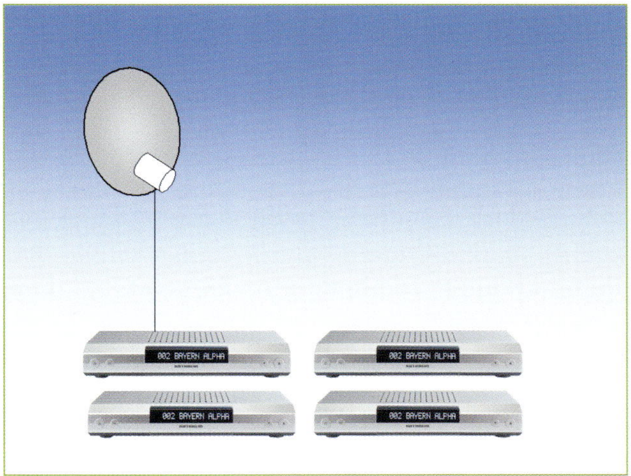

Abb. 3.4 – Möchte man mehrere Sat-Receiver betreiben, ist der Single-LNB die falsche Wahl. Er kann nur einen Receiver mit Sat-TV versorgen.

3.3 Twin-LNB für Festplattenreceiver

An den Twin-LNB sind über zwei F-Antennenkabel-Buchsen maximal zwei Satellitenreceiver anschließbar. Sollen zu einem späteren Zeitpunkt mehr als zwei Receiver bedient werden, muss er deshalb passen. Der Twin-LNB ist zu empfehlen, wenn Sie einen Festplattenreceiver mit zwei Tunern verwenden möchten. Dieser benötigt zwei Antennenleitungen und ermöglicht es, unterschiedliche Sendungen gleichzeitig aufzunehmen – oder aber sich ein Programm gemütlich anzusehen, während im Hintergrund eine Aufnahme läuft. Was es mit einem Festplattenreceiver auf sich hat, beschreibt das Kapitel *Den passenden Receiver finden* im Unterkapitel *Festplattenreceiver revolutionieren TV-Konsum*.

Abb. 3.5 – Den Twin-LNB erkennt man an den beiden Ausgängen. An sie kann man entweder zwei Sat-Receiver oder einen Festplattenreceiver mit zwei Tunern über Antennenleitungen anschließen.

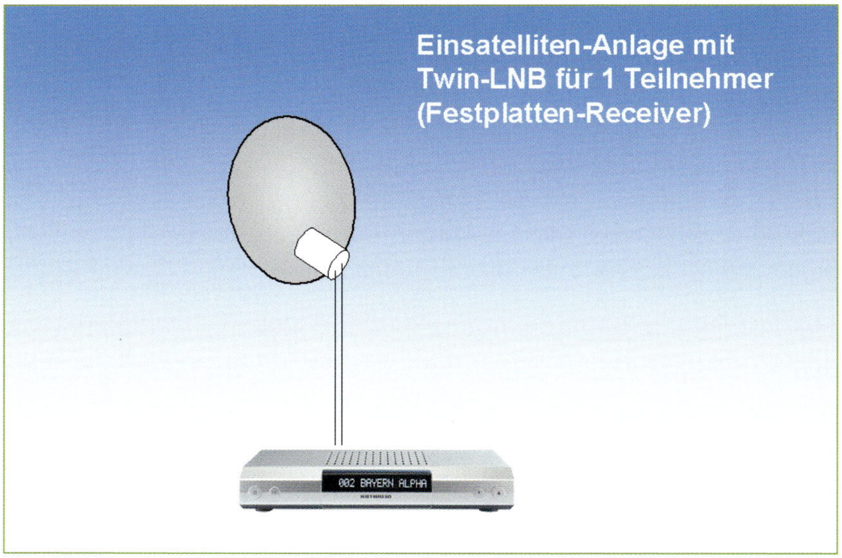

Abb. 3.6 – Damit Sie den Festplattenreceiver im vollen Umfang nutzen können, benötigt er zwei Antennenkabel, die der Twin-LNB aufnimmt.

3.4 Quad-LNB fürs Einfamilienhaus

An seinen vier Antennenausgängen lassen sich bis zu vier Satellitenreceiver betreiben. Damit kommt der Quad-LNB für eine Mehrteilnehmer-Anlage in Einfamilienhaushalten infrage. Da der erforderliche Multischalter bereits eingebaut ist, ist dieser LNB relativ preiswert und ermöglicht es, jeden Digitalreceiver direkt über ein Antennenkabel anzuschließen – vorausgesetzt, Sie nutzen ein Modell, in den keine Antennenprogramme eingespeist werden können. Damit sind über Dachantenne empfangbare Programme gemeint. Dazu gehören das digitale Antennenfernsehen DVB-T, das UKW-Radio, der digitale DAB-Rundfunk und analoges Antennenfernsehen. Lässt der Quad-LNB das Einspeisen dieser Programme zu, verteilen seine vier Antennenausgänge nicht nur Satellitensignale im Haus, sondern auch alle über Dachantenne empfangbaren Programme. In diesem Fall brauchen Sie Antennensteckdosen mit drei Buchsen für TV, Radio und Satellit, an die Satellitenreceiver, DVB-T-Empfänger und das UKW-Radio mit Antennenkabeln anzuschließen sind. Was es mit diesen Sat-Anschlussdosen auf sich hat, erläutert das Kapitel *Satellitenanlage richtig verkabeln* im Unterkapitel *Antennensteckdose verteilt Satelliten- und Antennen-Programme*. Von einem Quad-LNB, bei dem Antennenprogramme durchgeschliffen werden, können Sie kein direktes Antennenkabel zum Sat-Receiver verlegen. Einfache Standardmodelle des Quad-LNB, die diese Durchschleifmöglichkeit nicht besitzen, sind an den vier F-Antennen-Buchsen zu erkennen. Ermöglicht der LNB dagegen das Durchschleifen von Antennenprogrammen, besitzt er eine fünfte, meist etwas abgesetzte Buchse, die die Bezeichnung „Terr. In" oder ähnlich trägt.

Abb. 3.7 – An den Quad-LNB lassen sich bis zu vier Sat-Receiver anschließen und abhängig vom Modell zusätzlich Programme im Haus verteilen, die die alte Dachantenne empfängt.

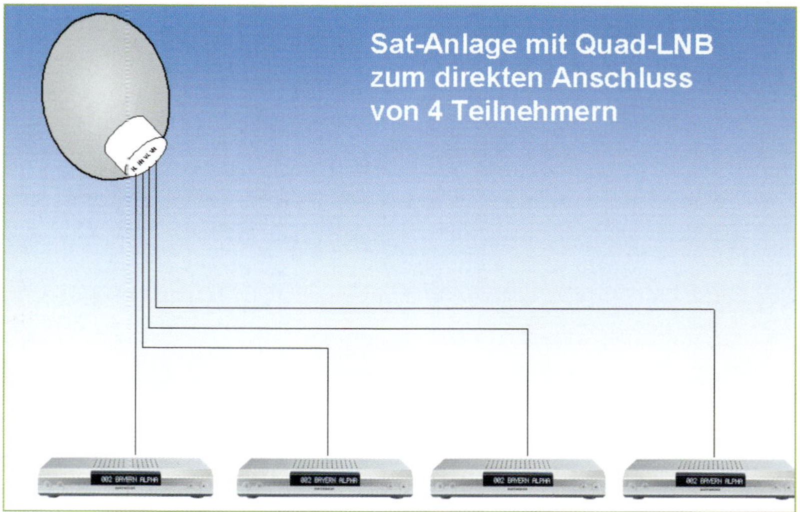

Abb. 3.8 – Satellitenanlagen mit Quad-LNB haben sich bei kleinen Mehrteilnehmer-Anlagen durchgesetzt. An Modellen, die keine Antennenprogramme durchschleifen, können Sie die Satellitenreceiver direkt über Antennenkabel betreiben.

3.5 Der Quattro-LNB

Der Quattro-LNB besitzt wie der Quad-LNB vier Antennenbuchsen. Jede stellt einen bestimmten Teil der Satellitenfrequenzen und die dort empfangenen Programme bereit. Da ein eingebauter Multischalter fehlt, lässt sich dieser LNB-Typ nur zusammen mit einem externen Schalter betreiben, in den vier Sat-Zf-Buchsen eingebaut sein müssen. Verwenden Sie einen Multischalter mit acht Sat-Zf-Buchsen, können Sie mit zwei angeschlossenen Quattro-LNBs zwei Satellitenpositionen am Himmel empfangen. So lässt sich problemlos eine größere Satellitenanlage mit mehreren Receivern realisieren. Verwenden Sie einen erweiterbaren Multischalter, können Sie jederzeit weitere Sat-Receiver in unterschiedlichen Räumen oder Wohnungen betreiben und Fernsehgeräte mit TV-Programmen aus dem All versorgen. Wie beim Anschließen der einzelnen Komponenten vorzugehen ist, beschreibt das Kapitel *Satellitenanlage richtig verkabeln* im Unterkapitel *Mehrteilnehmer-Anlage mit Multischalter verkabeln*.

Abb. 3.9 – Der Quattro-LNB besitzt vier definierte Ausgänge, an denen jeweils nur ¼ des gesamten Sat-Frequenzspektrums bereitsteht. An ihm können Sie ihre Sat-Receiver nicht direkt anschließen.

3.6 Octo-LNB ermöglicht den Anschluss von acht Sat-Receivern

Dieser LNB besitzt acht Sat-Zf-Ausgangs-Buchsen, so dass man bis zu acht Satellitenreceiver betreiben kann. Da Octo-LNBs groß und schwer sind, müssen LNB-Arm und Satellitenschüssel sehr stabil sein. Unsichere Konstruktionen können im Laufe der Jahre der Last des LNBs nachgeben und sich nach unten verbiegen. Der Octo-LNB gewinnt mittlerweile an Bedeutung – selbst in Einfamilienhaushalten. Er stellt sicher, dass auch in Zukunft genügend Anschlüsse für Satellitenreceiver bereit stehen, etwa für einen Festplattenreceiver mit Doppeltuner oder einen Satellitentuner im PC.

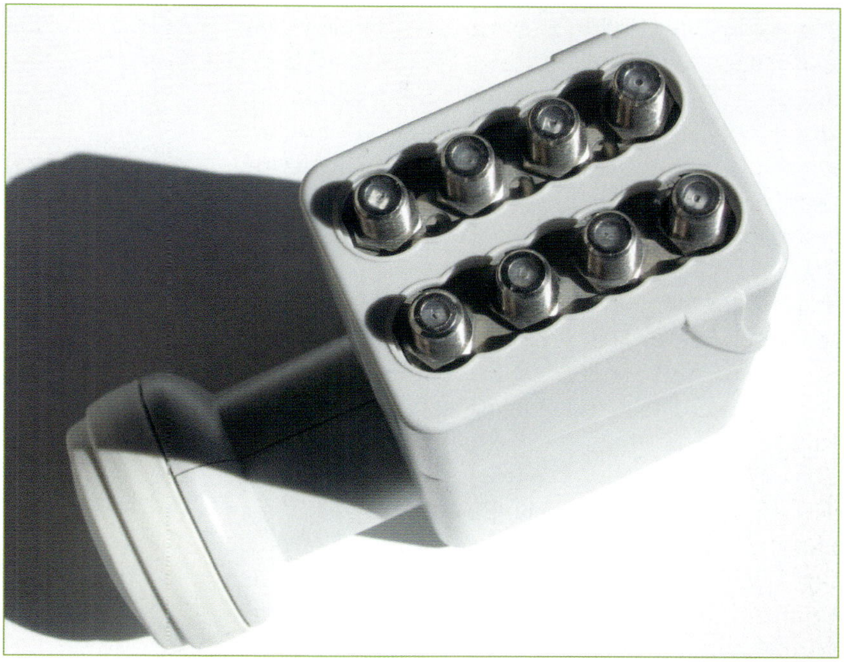

Abb. 3.10 – Mit dem Octo-LNB kann man bis zu acht Satellitenreceiver betreiben.

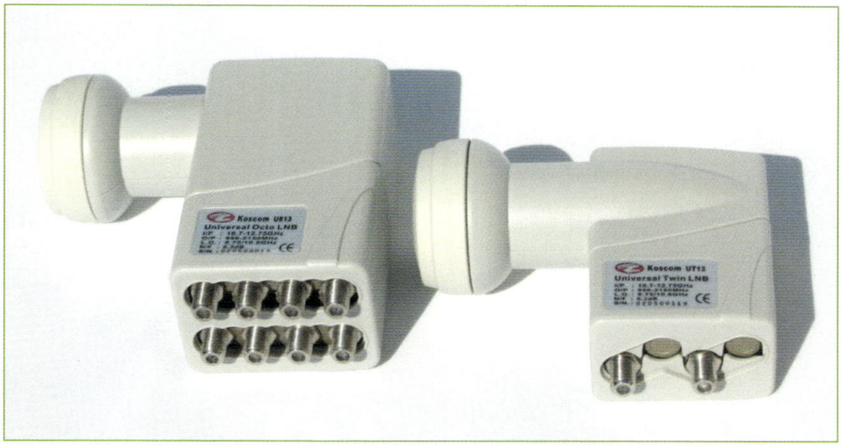

Abb. 3.11 – Größenvergleich zwischen Octo- und Twin-LNB.

3.7 Monoblock-LNB empfängt Astra und Hot Bird

Der Monoblock-LNB kann zwei Satelliten auf unterschiedlichen Positionen im All empfangen und ist deshalb mit zwei Feedhörnern ausgestattet. Der Abstand beider Feeds ist mit 6 Grad fest vorgegeben, so dass sich nicht beliebige Satelliten anpeilen lassen. Ideal ist dieser LNB für den Empfang von Astra auf 19,2 Grad Ost und Hot Bird auf 13 Grad Ost. Monoblock-LNBs sind in mehreren Ausführungsvarianten erhältlich: Je nach Modell sind ein, zwei oder vier Receiver anschließbar. Diese LNBs sind außerdem für Antennendurchmesser von rund 80 cm bis 90 cm ausgelegt. Bei kleineren, aber auch größeren Schüsseln passt der fest vorgegebene Abstand beider Empfangseinheiten nicht mehr. Montiert man beispielsweise einen Monoblock-LNB an einem 60er-Satellitenspiegel, ist die zweite Satellitenposition nicht mehr zu empfangen. Ein Vorteil: Der LNB-Typ ist leicht zu installieren und ermöglicht den Anschluss eines Receivers mit nur einem Antennen-

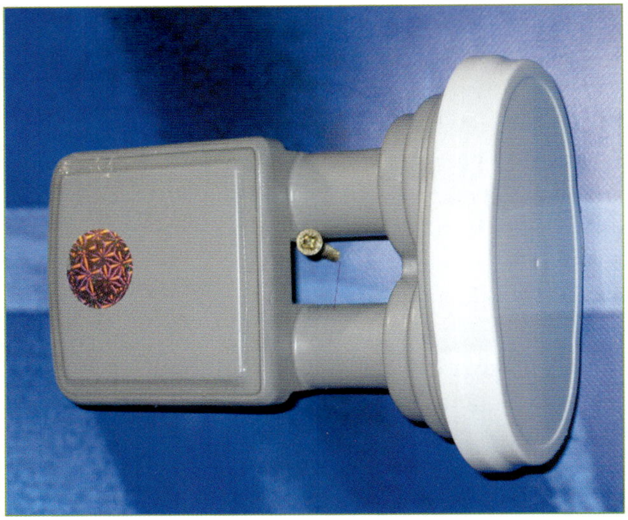

Abb. 3.12 – Übliche Monoblock-LNBs sind für 80- und 90-cm-Antennen ausgelegt. Sie empfangen zwei, um 6 Grad voneinander entfernt am Himmel stehende Satelliten, zum Beispiel Astra und Hot Bird.

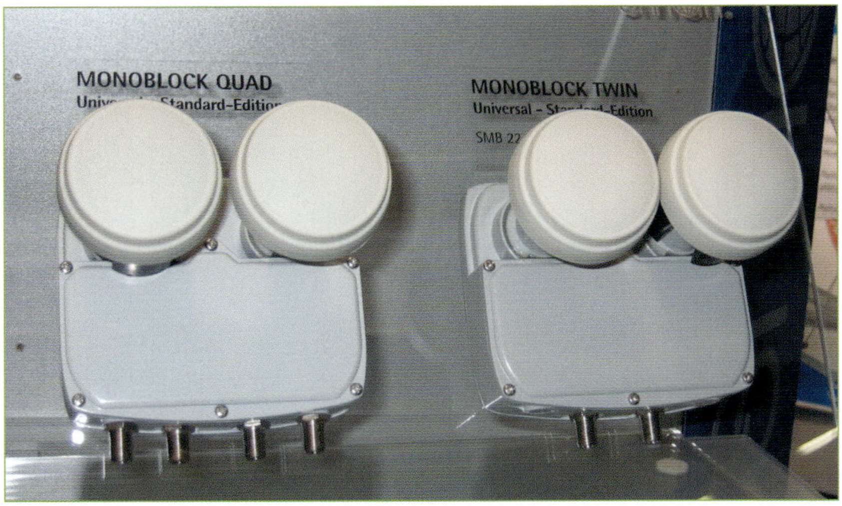

Abb. 3.13 – Monoblock-LNB für zwei und vier Fernsehteilnehmer. Beide Modelle sind an den unterschiedlich vielen Anschlussbuchsen auf der Unterseite zu erkennen.

kabel. Besitzen Sie bereits eine Mehrteilnehmer-Anlage für den Astra-Empfang und wollen in Zukunft auch Hot Bird empfangen, haben Sie es mit dem Umbau der Satellitenanlage deshalb leicht: Da die Verkabelung identisch ist, können Sie den alten „Einsatelliten-LNB" gegen einen Monoblock-LNB austauschen.

Beim Monoblock-LNB wird je nach Montagemöglichkeiten an der Schüssel zumindest die zweite Satellitenposition schielend empfangen. Das heißt auch, dass dieser zweite Satellit mit geringerem Wirkungsgrad empfangen wird, was wiederum bedeutet, dass hier die Antenne weniger gut empfängt, als wenn sie direkt auf diese Position ausgerichtet wäre. Geringere Schlechtwetter-Reserven sind die Folge. Um dennoch auf beiden Satelliten einen zufriedenstellenden Empfang zu gewährleisten, ist die Spiegel-Mindestgröße auf 80 cm beschränkt. Da kleinere Antennen nicht genügend Signalpegel für den einwandfreien Zweisatellitenempfang bereitstellen würden, wurde darauf verzichtet, Monoblock-LNBs auch für kleinere Antennen zu fertigen.

Abb. 3.14 – Mit dem Monoblock-LNB kann ein Fernsehschauer zwei Satellitenpositionen im All empfangen und braucht trotzdem nur ein Antennenkabel zwischen LNB und Sat-Receiver zu verlegen.

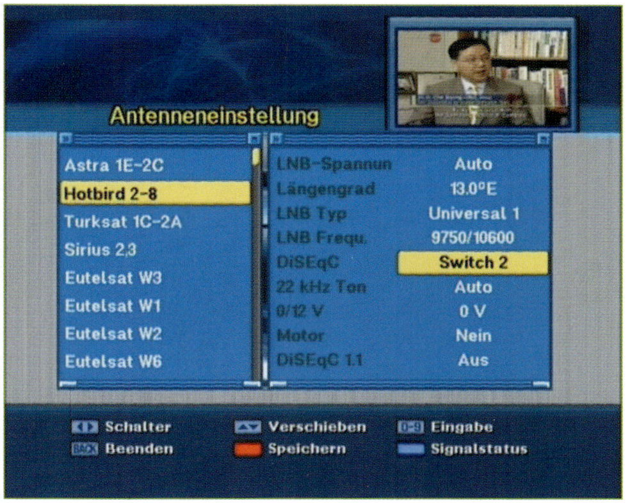

Abb. 3.15 – Damit Sie mit dem Receiver beide Satellitenpositionen des Monoblock-LNBs empfangen können, sind in den Antenneneinstellungen des Receivers die DiSEqC-Konfigurationen einzustellen. Astra bekommen Sie auf DiSEqC 1 (oder zum Beispiel Switch 1), Hot Bird mit DiSEqC 2 (Switch 2). Die Menübeschriftungen variieren je nach Receiver-Modell.

3.8 Duo-LNB empfängt Astra auf zwei Himmelspositionen

Dieser LNB ist ein enger Verwandter des Monoblock-LNBs. Er empfängt Satelliten-TV auf den beiden Astra-Positionen 19,2 Grad Ost sowie 23,5 Grad Ost und ist ebenfalls für Satellitenschüsseln mit einem Durchmesser von 80 cm bis 90 cm vorgesehen. Die Satelliten auf der Astra-Position 23,5 Grad Ost übertragen einige TV-Programme exklusiv im Format für das großformatige und hochauflösende Fernsehen HDTV – ein Beispiel sind die HDTV-Kanäle von Euro1080. Außerdem werden auf dieser Position verschiedene Internetzugänge angeboten. Der Duo-LNB ist speziell für den Empfang der beiden Astra-Positionen konzipiert, die am Himmel einen Abstand von 4,3 Grad zueinander haben. Damit lässt sich der Duo-LNB nicht für andere Satelliten-Kombinationen, wie Astra und Hot Bird, nutzen. Wie der Monoblock-LNB ist der Duo-LNB in mehreren Ausführungen erhältlich, die den Anschluss von bis zu vier Satellitenreceivern erlauben.

Ein weiteres Einsatzgebiet für den Duo-LNB ergibt sich beim gemeinschaftlichen Empfang von Hot Bird auf 13 Grad Ost und der neuen Eutelsat-Position mit Eurobird 9 auf 9 Grad Ost. Da auf beiden Positionen deutsche Programme die Ausnahme sind, dürfte diese Anwendung im deutschen Sprachraum eher die Ausnahme bleiben.

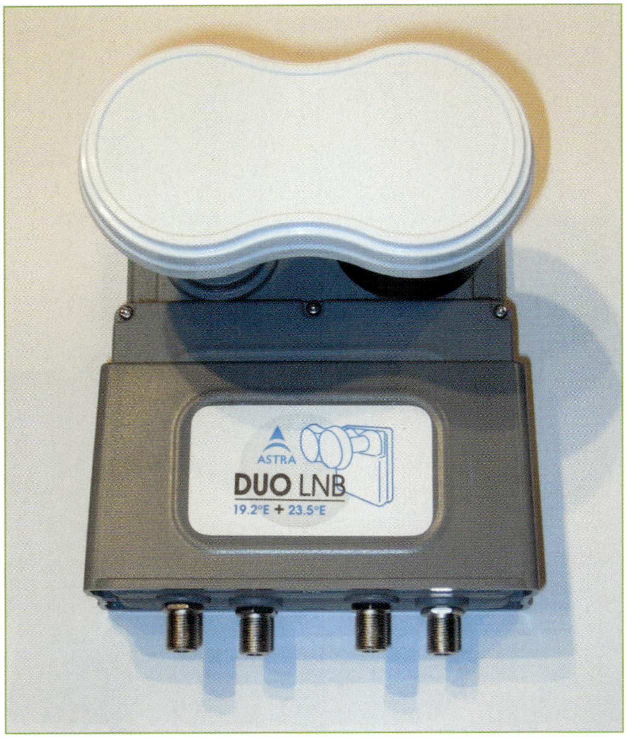

Abb. 3.16 – Der Duo-LNB sieht aus wie der Monoblock-LNB. Einziger Unterschied: Hier beträgt der Abstand der beiden zu empfangenden Satelliten nur 4,3°.

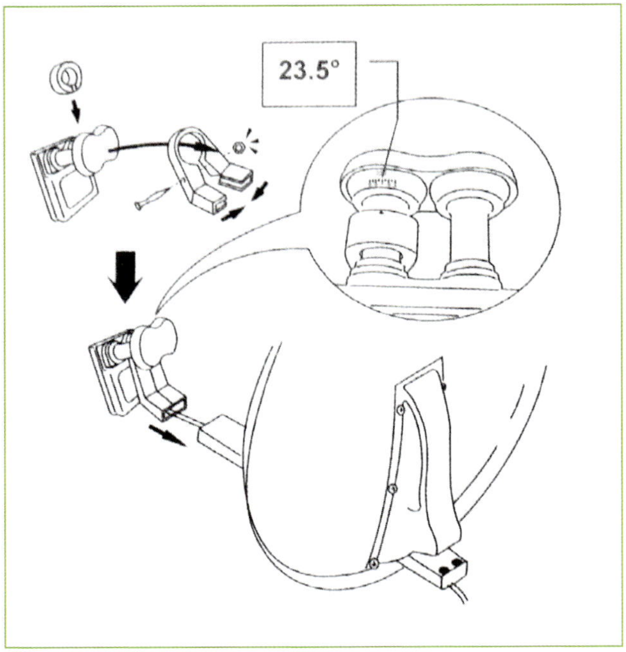

Abb. 3.17 – Installationsanleitung für einen Duo-LNB. Aus der Grafik ist ersichtlich, dass die Antenne auf die zweite Astra-Position auf 23,5° Ost auszurichten ist. Der „Haupt-Astra" auf 19,2° Ost wird schielend empfangen.

4 Den passenden Digitalreceiver finden

Bei Satellitenreceivern ist zwischen analogen und digitalen Geräten zu unterscheiden. Da Satelliten heute Programme überwiegend digital übertragen, sind analoge Receiver meist nur noch gebraucht zu erwerben. Im Jahr 2007 waren nur 40 analoge deutsche Sender unverschlüsselt zu empfangen, aber 120 deutschsprachige Programme in digitaler Qualität – Tendenz bei Digitalprogrammen steigend. Die letzten analogen Satellitenkanäle sollen spätestens 2012 abgeschaltet werden, so dass sich der Kauf eines ohnehin kaum noch erhältlichen analogen Sat-Receivers nicht mehr lohnt. Außerdem liefern Digitalreceiver mehr Bedienungskomfort. Der elektronische Programmführer oder eine eingebaute Computerfestplatte haben die Bedienung und das Fernsehverhalten revolutioniert. Je nach Anwendung gibt es verschiedene Digitalboxen mit unterschiedlichsten Funktionen. Die einzelnen Modelle geben zudem vor, welche und wie viele Programme man empfangen kann. Im Folgenden stellt das Buch die wichtigsten Digitalreceiver vor.

4.1 FTA-Receiver als preiswerte Einsteigergeräte

Free-to-Air-Receiver verarbeiten allein unverschlüsselte Programme und sind deshalb preiswerte Einsteigergeräte. Mit ihnen lassen sich alle wichtigen deutschsprachigen Sender auf dem heimischen TV-Bildschirm verfolgen – allerdings keine verschlüsselten Sender. Möchte man doch welche sehen, muss man sich einen neuen Digitalreceiver kaufen, weil sich der FTA-Receiver nicht nachträglich mit einem Decodiermodul erweitern lässt. Bisher sind im deutschen Sprachraum, im Unterschied zu anderen europäischen Ländern, viele Programme frei empfangbar – das kann sich allerdings ändern. Breitet sich das Bezahlfernsehen auch im deutschen Sprachraum aus, bleiben immer weniger unverschlüsselte Programme übrig, die man mit dem FTA-Receiver sehen kann.

Abb. 4.1 – Free-to-Air-Receiver sind allein für den Empfang unverschlüsselter Programme ausgelegt. Ihre Zahl nimmt tendenziell ab, da immer mehr Programme verschlüsselt als Bezahlfernsehen verkauft werden.

4.2 CI-Receiver können verschlüsselte Programme empfangen

CI-Receiver unterscheiden sich von den FTA-Receivern durch einen eingebauten Schlitz hinter einer Klappe, der meist zwei beliebige Decodiermodule aufnimmt. Techniker sprechen auch von der CI-Schnittstelle oder vom CI-Schlitz. Die Abkürzung CI steht für Common Interface-Schacht. Zusammen mit einer Smartcard, die in das Decodiermodul zu stecken ist, lassen sich mit dem CI-Receiver nicht nur frei empfangbare, sondern auch verschlüsselte Programme sehen. Nicht allein Bezahlsender nutzen Codiersysteme, um ihre Sendungen zu verschlüsseln, sondern auch der Österreichische Rundfunk ORF und der Schweizer Rundfunk SRG. Die CI-Receiver sind jederzeit um neue Verschlüsselungssysteme erweiterbar – aber nur mit gültiger Smartcard und passendem Decodiermodul. Für den Empfang des österreichischen Rundfunks ORF braucht man beispielsweise ein Modul, das das Verschlüsselungssystem CryptoWorks knackt. Das TechniSat-Pay-Radio-Angebot macht ein Decodiermodul hörbar, das das Codiersystem Conax entschlüsselt. Hinzu kommen weitere Module für Erotikkanäle, die meist die Verschlüsselungssysteme Irdeto oder Viaccess decodieren müssen. Alternativ sind auch Decodiermodule einsetzbar, die mehrere Verschlüsselungssysteme knacken. Ohne Modul und gültiger Smartcard kann man allerdings auch mit einem CI-Receiver nur frei empfangbare Sender sehen. Im Gegensatz zu FTA-Boxen hat man aber die Möglichkeit, den Receiver bei Bedarf auch für den Empfang verschlüsselter Programme einzusetzen. Codierte Programme müssen nicht teuer sein. Sie können aber genau die Inhalte liefern, die man sehen möchte. Mit einem CI-Receiver ist man deshalb gut bedient.

Abb. 4.2 – In CI-Receivern ist ein Schlitz für die Aufnahme von bis zu zwei Decodiermodulen eingebaut, der meist hinter einer Klappe verborgen ist.

4.3 Sat-Receiver mit eingebautem Decodiersystem

Sat-Receiver mit eingebautem Decodiersystem sind ein Mittelding zwischen FTA- und CI-Receivern und eignen sich ebenfalls fürs Bezahlfernsehen. Beispielsweise war in Deutschland und Österreich der Pay-TV-Sender Premiere für viele Jahre ausschließlich mit einem Receiver zu empfangen, in den ein Decodiersystem bereits eingebaut ist. Am bekanntesten ist wohl die „d-box", in die das Verschlüsselungssystem BetaCrypt eingebaut ist. Neuere Premiere-Receiver beherrschen das Codiersystem Nagravision, so dass Sie damit den Bezahlsender und unverschlüsselte TV-Programme sehen können. Da bei diesem Sat-Receiver ein zusätzlicher CI-Schlitz zur Aufnahme eines Decodiermoduls fehlt, lassen sich damit andere verschlüsselte Sender nicht empfangen.

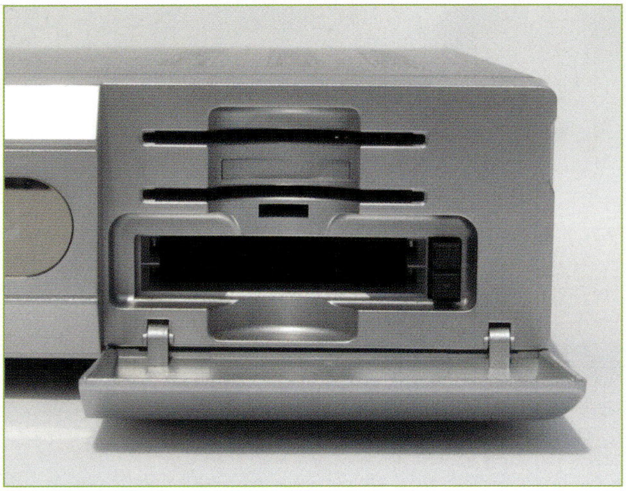

Abb. 4.3 – Dieser Receiver hat zwei Verschlüsselungssysteme bereits eingebaut (zu erkennen an den beiden oberen, dünnen Schlitzen). Der untere, wesentlich größere Schlitz nimmt bis zu zwei Decodiermodule auf.

Satellitenreceiver mit eingebautem Decodiersystem gibt es nicht nur für Premiere. Viele Hersteller vertreiben Geräte, die sich allein durch die unterschiedlichen eingebauten Decodiersysteme unterscheiden. Einige beherrschen beispielsweise das Verschlüsselungssystem CryptoWorks. Diese Geräte lassen sich vor allem in Österreich gut verkaufen. In der Schweiz sind dagegen Digitalreceiver mit integriertem Viaccesssystem gefragt. Je nachdem, welchen verschlüsselten Sender Sie sehen möchten, brauchen Sie unterschiedliche Receiver mit eingebautem Decodiersystem. Einige Geräte beherrschen mit CryptoWorks und Conax zwei Verschlüsselungssysteme. Auch diese Geräte lassen sich später nicht für andere Verschlüsselungsverfahren erweitern – und das hat Folgen: Wechselt der Bezahlsender die Verschlüsselungsnorm, kann der Receiver unbrauchbar werden. Das kann vor allem bei kleinen Spartensendern passieren, die ein nur kleines Zielpublikum erreichen. Dass es auch anders geht, haben in der Vergangenheit mehrfach große Pay-TV-Sender gezeigt. Damit sich der Zuschauer keinen neuen Satellitenreceiver zulegen muss, wurden getunnelte Verschlüsselungen realisiert. Sie erlauben beispielsweise, einen alten Premierereceiver zu nutzen, in den ein BetaCrypt-Decoder eingebaut ist, obwohl der Sender längst Nagravision nutzt.

Wer mehrere verschlüsselte Sender empfangen möchte, kann auf Receiver mit eingebautem Decodiermodul der Mittel- und Ober-Klasse ausweichen, in die zusätzlich bis zu zwei CI-Schnittstellen eingebaut sind. Diese Geräte lassen sich deshalb mit externen Decodiermodulen für andere Verschlüsselungssysteme erweitern, so dass man bis zu drei verschiedene Bezahlsender gleichzeitig sehen kann.

4.4 Kombi-Receiver für Satellit und digitales Antennenfernsehen

Kombi-Receiver ermöglichen den gleichzeitigen Empfang des Satellitenfernsehens und des digitalen Antennenfernsehens DVB-T. Man spart sich mit diesem Gerät nicht nur den Kauf eines zweiten Receivers. Auch das Anschließen des Geräts an Fernseher und Videorekorder ist deutlich einfacher. Außerdem brauchen Sie nur eine Fernbedienung, was das tägliche Handling beim Fernsehen erleichtert. Die Kombi-Receiver gibt es in verschiedenen Ausführungen. Auch wenn Sie über den zweiten Empfangsweg keine zusätzlichen Programme empfangen wollen, sind die Geräte interessant. Ist die Satellitenschüssel beispielsweise im Winter einmal eingeschneit, kann man so zumindest die wichtigsten deutschsprachigen Programme mit dem eingebauten DVB-T-Tuner sehen. Der Bedienungskomfort beschränkt sich beim DVB-T-Empfang allerdings manchmal auf ein Mindestmaß. Manche Kombigeräte stellen keine 5-V-Speisespannung für Aktivantennen bereit, so dass man DVB-T-Antennen mit eingebautem Empfangsverstärker nicht nutzen kann. Das kann den einwandfreien Empfang wegen eines zu geringen Signalpegels beeinträchtigen – vor allem, wenn Sie den Kombi-Receiver in größerer Entfernung vom Standort des DVB-T-Senders betreiben.

Abb. 4.4 – Kombi-Receivern für Sat und DVB-T sieht man ihre Doppelfunktion kaum an. Weder von vorne, …

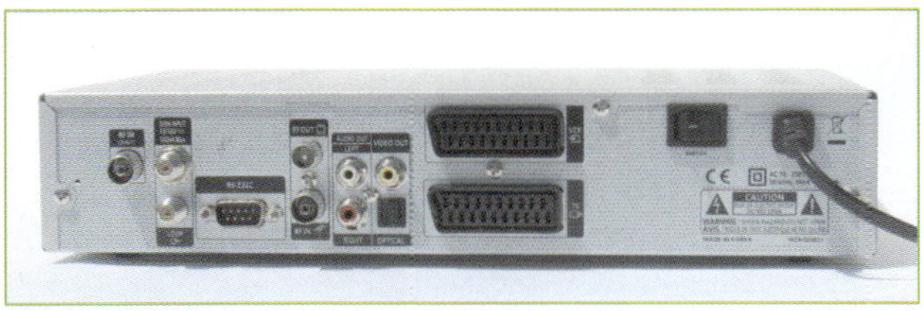

Abb. 4.5 – … noch von hinten.

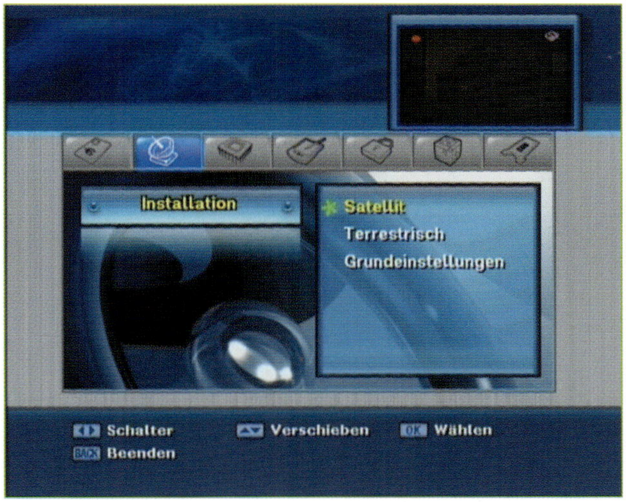

Abb. 4.6 – Bei unserem Gerät zeigt sich die Doppelfunktion erst in der Menüoberfläche.

4.5 Festplattenreceiver revolutionieren TV-Konsum

Wer schon einmal einen Sat-Receiver mit eingebauter Computerfestplatte ausprobiert hat, möchte meist nicht mehr darauf verzichten. Satellitenreceiver mit einer Festplatte auszustatten, zählt zu den innovativsten Ideen des vergangenen Jahrzehnts. Mit ihnen lassen sich nicht nur TV-Sendungen aufzeichnen und später verfolgen, so wie man es vom Videorekorder gewohnt ist. Sie erlauben auch, Programme anzusehen, die gerade digital mitgeschnitten werden. Dieses zeitversetzte Fernsehen zählt zu den beliebtesten Funktionen eines Festplattenreceivers, mit der der Zuschauer den Programmablauf selbst gestalten kann: Das Drücken der Pausentaste stoppt das Fernsehprogramm, das der Satellit gerade überträgt. Wieder per Knopfdruck wird das Programm nahtlos fortgesetzt. Oder man sieht sich die Sendung erst ein paar Tage später an, ganz nach Belieben. Diese Funktion, die das Fernsehverhalten deutlich verändert hat, nennen Insider auch Timeshift. Die Computerfestplatte besitzt noch weitere Highlights: Bis zu vier TV-Sendungen lassen sich gleichzeitig verlustfrei mitschneiden, so dass sie vom Original nicht mehr zu unterscheiden sind. Dabei zeichnet der Festplattenreceiver abhängig vom Modell auch Dolby-Digital-Ton, alternative Audiospuren, Teletext und Daten des elektronischen Programmführers (EPG) auf. Manche Geräte besitzen mitunter einfache Schnittfunktionen, mit der sich störende Werbeblöcke entfernen lassen. Vor allem bei preiswerten Einsteigergeräten haben die Hersteller allerdings auf einzelne Funktionen verzichtet.

Festplattenreceiver sind nicht dafür geeignet, Aufnahmen dauerhaft zu archivieren. Mit ausreichend großer Speicherkapazität ab rund 160 GB ist trotzdem mehr als genügend Platz vorhanden, um aufgezeichnete Sendungen nicht gleich ansehen zu müssen. Möchte man einzelne Aufnahmen dauerhaft behalten, lassen sie sich jederzeit auf DVD oder VHS überspielen. Die Kopie ist dann immer noch so gut wie eine Live-Aufnahme auf Disc oder Kassette. Wird die Speicherkapazität auf der Festplatte zu klein, lassen sich die Mitschnitte bei neueren Geräten auch komfortabel via USB2.0 auf den PC überspielen. Dort kann man sie zwischenspeichern oder auf DVD brennen.

Abb. 4.7 – Ein Satellitenreceiver mit herausnehmbarer Computerfestplatte.

4.6 HDTV-Receiver liefern hochauflösende Fernsehbilder

Das hochauflösende Fernsehen HDTV ist viermal schärfer als übliche Fernsehbilder. Mit einem HDTV-Receiver und einem passenden Fernseher kann man es sehen. Da HDTV-Bilder weitaus datenintensiver sind, müssen Receiver das Übertragungsverfahren MPEG-4 beherrschen, was bei gängigen Sat-Receivern nicht der Fall ist. Passende TV-Geräte sind moderne LCD-Flachbildfernseher und Plasma-Flachbildfernseher – vor allem, wenn die Bilddiagonale 1 m oder größer ist und die Geräte das HD-ready oder noch besser das Full-HD-Logo tragen. Mit HDTV-Receivern lassen sich selbstverständlich auch alle Programme in der üblichen Standardauflösung verfolgen. Wie bei üblichen Sat-Receivern gibt es HDTV-Receiver als CI-Receiver, um auch verschlüsselte Programme sehen zu können, über Geräte mit eingebautem Decoder bis hin zu Festplattenreceivern. HDTV-Receiver ohne eingebaute Computerfestplatte erlauben häufig trotzdem das digitale und verlustfreie Aufzeichnen von Programmen, wenn Sie eine externe Festplatte via USB anschließen.

Abb. 4.8 – Moderne HDTV-Receiver überzeugen durch Vollausstattung.

Abb. 4.9 – Im Design sind HDTV-Boxen oft nicht von anderen Geräten zu unterscheiden. Hier verrät der Schriftzug, dass man mit dieser Box auch hochauflösendes Fernsehen sehen kann.

4.7 Premiere-Receiver

Premiere-Receiver gibt es für die unterschiedlichsten Geldbeutel. Sie besitzen einen integrierten Decoder, in den man nur noch die Premierekarte zum Entschlüsseln der Bezahlprogramme zu stecken braucht. Der Sender schreibt Spezifikationen für Satellitenreceiver vor. Nur Receiver die sie erfüllen, erhalten das Logo „Geeignet für Premiere" oder „Geeignet für Premiere HD". HD steht dabei für das hochauflösende Fernsehen HDTV. Premiere erlaubt den Abschluss eines Abos nur, wenn man bereits im Besitz eines Premiere-Receivers ist oder diesen mit dem Abonnement erwirbt. Hat man bereits einen nicht von Premiere zertifizierten Digitalreceiver in der Hand und möchte damit Premiere sehen, klappt das nicht. Premiere-Receiver gibt es als einfache Geräte, die nur einen schmalen Schlitz zum Einschieben der Smartcard besitzen. In höherwertige Modelle ist dagegen eine CI-Schnittstelle eingebaut, so dass sich auch andere verschlüsselte Sender mit passendem Decodiermodul und passender Smartcard empfangen lassen. Die Receiver des Bezahlsenders sind auch als Festplattenmodell oder HDTV-Gerät zu haben. Die Spezifikationen, die der Sender für seine Receiver vorschreibt, können allerdings die Freude am TV-Konsum schmälern. Ein Jugendschutz ist eingebaut, der das timergesteuerte Aufzeichnen von Filmen manchmal scheitern lässt: Statt des gewünschten Kinoknüllers erscheint auf dem Bildschirm nur ein kleines Menüfenster, das nach der Eingabe des vierstelligen Jugendschutz-PINs fragt. Die Senderliste kann der Fernsehzuschauer nur eingeschränkt individuell gestalten, weil die vorderen Speicherplätze für Premiere-Programme reserviert und nicht veränderbar sind – und beides kommt bei vielen Abonnenten des Bezahlsenders nicht gut an. Um ihn zu sehen, nutzen sie deshalb einen Sat-Receiver, der nicht von Premiere zertifiziert wurde. Wie das geht? Ganz einfach: Mit der Premierekarte und einem Decodiermodul, das auch die Premiereprogramme entschlüsseln kann.

Abb. 4.10 – Premiere-Receiver sind am Logo „Geeignet für Premiere" zu erkennen.

4.8 Entavio-Receiver

Entavio-Receiver hat Astra eingeführt. Ursprünglich sollten frei empfangbare Programme codiert übertragen und gegen eine monatliche Gebühr wieder zugänglich gemacht werden. Später wurden diese Pläne fallen gelassen und Entavio ging als Pay-TV-Plattform an den Start. Die passenden Receiver decodieren das Verschlüsselungssystem Nagravision und besitzen eine Blutooth-Schnittstelle, die bei einzelnen Programmen interaktive Anwendungen zulässt. Zuerst waren sie als preiswerte Einsteigergeräte gedacht. Mittlerweile gibt es auch Modelle, die HDTV empfangen und auf Computerfestplatte aufzeichnen können, oder in die eine CI-Schnittstelle für den Empfang anderer verschlüsselter Sender eingebaut ist.

Abonniert man Programme, die über die Entavio-Plattform verbreitet werden, ist zusätzlich zu den eigentlichen Pay-TV-Gebühren eine monatliche Bereitstellungs-Gebühr (Entavio-Entgelt) von 1,99 Euro zu bezahlen.

Abb. 4.11 – Entavio-Receiver erkennt man am kleinen Logo an der Vorderseite. Dieses Gerät der Oberklasse empfängt auch HDTV und besitzt eine Computerfestplatte.

entavio

Abb. 4.12 – Entavio-geeignete Sat-Receiver sind mit dem Entavio-Logo versehen.

4.9 Blindscan-Receiver findet jedes Programm

Diese Geräte sind übliche Digitalreceiver, die sich von anderen nur durch eine erweiterte Sendersuchlauf-Funktion unterscheiden, den sogenannten Blindscan. Übliche Digitalreceiver erlauben den automatischen und manuellen Sendersuchlauf. Bei der automatischen Suche scannt das Gerät bereits in der Software gespeicherte Satellitenkanäle. Da auf den Satelliten immer wieder neue Kanäle in Betrieb gehen oder sich die Übertragungsparameter ändern, finden vor allem ältere Sat-Receiver bei weitem nicht alle Programme. Zu den Übertragungsparametern gehören die Frequenz, die Polarisation des Sendesignals und die Geschwindigkeit der Datenübertragung, die sogenannte Baud- oder Symbol-Rate. Die fehlenden Transponder muss man mit dem manuellen Sendersuchlauf per Hand nachführen. Dazu ist ein genaues Wissen der aktuellen Übertragungsparameter erforderlich. Man erhält sie im Internet unter *ww.lyngsat.com*. Komfortabler sind Blindscan-Receiver, die alle Satellitenfrequenzen scannen und so jederzeit alle aktuell übertragenen Programme ausfindig machen. Sie ermitteln die Übertragungsparameter der gefundenen digitalen Datenströme automatisch, so dass man sie nicht zu kennen braucht. Auf Grund dieser Vorteile ist zu erwarten, dass die Blindscan-Funktion nach und nach auch bei anderen Digitalreceivern zur Ausstattung gehören wird. Inzwischen gibt es bereits mehrere Varianten von Blindscan-Receivern: vom einfachen Free-to-Air-Gerät bis hin zu Kombi-Receivern mit integrierten Decodiersystemen und CI-Schnittstellen.

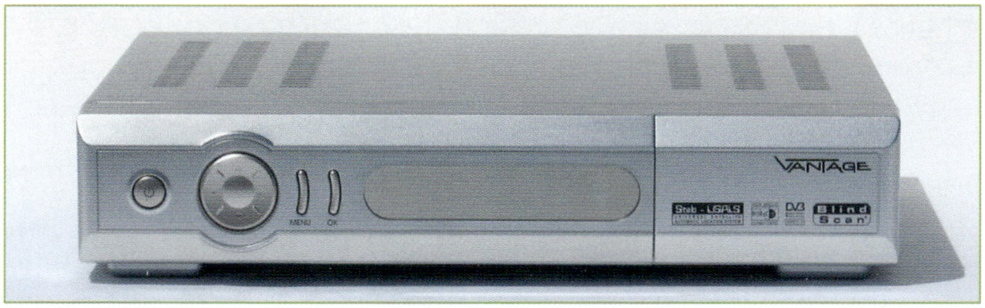

Abb. 4.13 – Blindscan-Receiver gibt es in mehreren Ausführungen. Modelle der gehobenen Klasse besitzen CI-Schnittstellen für die Aufnahme von Decodiermodulen und zusätzlich eingebaute Decodiersysteme.

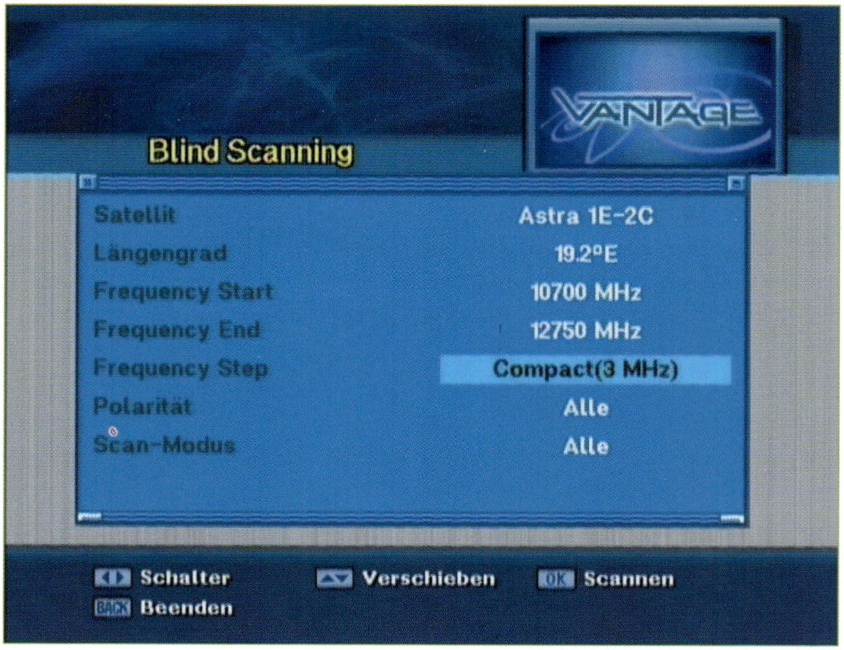

Abb. 4.14 – Der Blindscan-Receiver findet automatisch alle neuen Programme und ermittelt die Übertragungsparameter.

4.10 Digitalreceiver mit gemischten Funktionen

Die bisher vorgestellten Receiver grenzen sich in ihren Funktionen relativ klar voneinander ab. Es gibt aber auch viele Mischformen. So kann in einen FTA-Receiver eine Festplatte eingebaut sein. Viele Receivermodelle sind Free-to-Air-Geräte mit integrierter CI-Schnittstelle. Einige Kombi-Receiver empfangen nicht nur Satelliten-TV und das digitale Antennenfernsehen DVB-T, sondern besitzen einen CI-Schlitz, einen eingebauten Decoder oder eine eingebaute Festplatte. Festplattenreceiver sind auch mit Festplatten unterschiedlicher Speicherkapazität zu haben.

Eine eindeutige Einteilung der Digital-Receiver nach Funktionen ist nicht möglich. Gerade in diesem Segment hat die Industrie zahlreiche Variationen hervorgebracht. Das macht es einerseits leicht, das passende Gerät zu finden. Andererseits sollten Sie schon vor dem Kauf ziemlich genau wissen, welche Funktionen Ihnen heute wichtig sind oder welche es mittelfristig werden könnten.

Abb. 4.15 – Es gibt keine Grenzen, mit welchen Funktionen Sat-Receiver ausgestattet sein können. Dieses HDTV-Gerät hat etwa einen DVD-Brenner eingebaut.

4.11 Welche Mindestausstattung sollte ein Sat-Receiver haben?

Da man einen Satellitenreceiver viele Jahre betreiben möchte, lohnt sich ein Blick auf die Funktionen, die das Gerät auf jeden Fall haben sollte. Auch wenn Sie heute noch keine verschlüsselten Bezahlprogramme sehen wollen, kann sich das in Zukunft ändern. Zu empfehlen ist deshalb ein Receiver mit CI-Schnittstelle – egal, ob er im Wohnzimmer oder als Zweit- und Drittgerät in Küche und Hobbyraum steht. Ein CI-Gerät lässt sich nachträglich mit Decodiermodulen und passenden Smartcards für verschiedenste Verschlüsselungssysteme nutzen und lässt so im Zweifel keine Programmwünsche offen. Ein Festplattenreceiver ist dagegen zwar kein Muss, erhöht aber den Fernsehkomfort erheblich – vor allem, wenn es sich um das Hauptgerät im Wohnzimmer handelt. Besitzen Sie einen HDTV-tauglichen LCD- oder Plasma-Fernseher mit Flachbildschirm oder wollen sich in nächster Zeit einen kaufen, ist auch das hochauflösende Fernsehen interessant. Ein weiteres Ausstattungskriterium sind digitale Audio-Ausgänge, wenn Sie den Satellitenreceiver an einer Dolby-Digital-Anlage betreiben möchten. Damit sich Receiver und Audioverstärker ohne Probleme verbinden lassen, ist darauf zu achten, dass in beide Geräte die gleichen Buchsen eingebaut sind. Vor allem bei preiswerten Einsteiger-Receivern wird der digitale Audio-Ausgang meist eingespart, so dass digitaler Raumklang passé ist.

5 Satellitenanlagen in Neubauten installieren

Ob Komplettset oder einzelne Komponenten: Wenn Sie sich für eine Satellitenanlage entschieden haben, kann die Montage beginnen. Dabei ist in Alt- und Neubauten auf unterschiedliche Punkte zu achten – und genau auf diese geht das Buch in den folgenden Kapiteln ein, damit Montage und Installation problemlos k appen.

5.1 Beim Hausbau an Satellitenanlage denken

Beim Bau eines Eigenheims denkt man wahrscheinlich kaum an die Satellitenanlage, weil tausend andere Dinge wichtiger sind. Trotzdem lohnen sich ein paar Gedanken zum Antennenstandort und zur Frage, wie viel Fernsehteilnehmer in welchen Räumen angeschlossen werden sollen. So kann man sich später viele Installationsarbeiten sparen und zugleich eine nahezu unsichtbare Verkabelung realisieren. Zu den Räumen, in die ein Antennenkabel zu verlegen ist, kann auch das häusliche Büro gehören, weil sich der PC kostengünstig für den Satellitenempfang erweitern lässt. Für den Computer kann auch ein satellitenbasierter Zugang zum Internet interessant sein, vor allem, wenn Sie auf dem Land ohne DSL-Anschluss wohnen. Als Antennenstandort eignet sich meist das Dach oder eine Hauswand. Wichtig ist in beiden Fällen die freie Sicht zum Satelliten, um einen störungsfreien Empfang zu haben. Entscheiden Sie sich für die Hauswand, sollten Sie die Wandhalterung für die Antenne anschrauben, bevor die Handwerker die Wärmedämmung aufgetragen haben. Diese weichen Materialien können keine schweren Gegenstände tragen und eignen sich deshalb nicht für Montagezwecke. Wie bei der Montage der Wandhalterung vorzugehen ist, erläutert das übernächste Kapitel *Satellitenspiegel unauffällig an Hauswand montieren*.

Eine Satellitenantenne wird allerdings nicht nur an die Wand geschraubt oder auf dem Dach montiert. In ihrer unmittelbaren Nähe ist auch Platz erforderlich, um Antennenkabel vom LNB ins Gebäude zu führen und bei Bedarf, einen Multischalter für eine größere Mehrteilnehmer-Anlage zu montieren. Wird die Schüssel an der Wand befestigt, wird man wohl wenig Freude haben, wenn die Antennenkabel mitten durch die Wand im Wohnzimmer ankommen. Es ist deshalb auch die Verkabelungsstruktur zu den einzelnen Fernsehteilnehmern festzulegen. Bei Satellitenanlagen kommt die Sternverteilung infrage, bei der vom LNB mit eingebautem Multischalter je eine Antennenleitung zu jedem Receiver führt. Auch separate Multischalter, die in unmittelbarer Nähe der Antenne im Haus zu montieren sind, leiten je ein Antennenkabel zu jedem Gerät. Man muss deshalb festlegen, von welchem Ort diese Sternverteilung erfolgen soll. Es eignet sich der Dachboden, wenn die Satellitenantenne aufs Dach soll. Wird sie dagegen an der Wand befestigt, kommt auch der Keller als Verteilzentrale infrage. In beiden Fällen sollten die verlegten Antennenkabel nur so lang wie nötig und so kurz wie möglich sein, damit das Fernsehsignal nicht unnötig abgeschwächt wird – denn auch die besten Antennenkabel dämpfen das Signal und können so den Empfang verschlechtern. Wie hoch diese Kabelverluste in Abhängigkeit von Kabeltyp und verlegter Länge sind, darüber informiert das Kapitel *Satellitenanlage richtig verkabeln* im Unterkapitel *Antennenkabel*.

Elektroinstallationsschläuche verlegen

Ist der Punkt für die Verteilung der Antennenkabel in die einzelnen Räume festgelegt, lassen sich beim Rohbau von dort Elektroinstallationsschläuche verlegen und unter Putz einziehen. Durch diese Schläuche können Sie später bequem die Leitungen führen und so eine unsichtbare Verkabelung im Haus realisieren – denn die Zeiten, in denen es mit einem Antennenkabel ins Wohnzimmer getan war, sind vorbei. Statt Schläuche kommen auch Elektroinstallationsrohre infrage, die ebenfalls aus Kunststoff bestehen. In die Elektroinstallationsrohre oder -schläuche gehören übrigens keine Stromkabel, die getrennt von den Antennenkabeln zu verlegen sind. Der Durchmesser der Schläuche ist großzügig zu bemessen. Schon heute sind für einen Festplattenreceiver mit Doppeltuner zwei Antennenkabel erforderlich. Hinzu kommen künftige Anwendungen mit nachträglich zu verlegenen Leitungen. So kann beispielsweise ein dritter Kabelstrang ins Wohnzimmer interessant werden, wenn Sie die Hi-Fi-Anlage mit einem separaten Receiver zum Radiohören erweitern möchten. Aus diesen Gründen sollten Sie Elektroinstallationsrohre verlegen, die mindestens drei, besser vier Antennenkabel hoher Qualität fassen können. Der Durchmesser eines hochwertigen Satelliten-Antennenkabels misst 7 mm bis 8 mm.

Bauen Sie ein Haus mit mehreren Stockwerken, können Sie die Antennenleitungen durch einen Installationsschlauch vom Dachboden in den ersten Stock verlegen. Um mit den Antennenkabeln ins Erdgeschoss zu gelangen, ist der Keller zu empfehlen. Nur, wie kriegt man die Kabel vom Dachboden in den Keller? Ganz einfach: wieder durch Installationsrohre oder -schläuche, die Sie in einem Schacht im Mauerwerk verlegen und so im Rohbau einfach realisieren können. Damit weitere Anwendungen mit zusätzlichen Antennenkabeln in der Zukunft problemlos klappen, sollten Sie den Kabelschacht im Mauerwerk großzügig bemessen. Dieser sollte so groß sein, dass er mehrere Elektroinstallationsrohre mit jeweils rund 10 cm Durchmesser aufnimmt.

Abb. 5.1 – Für die Antennenverkabelung sollten Sie im Rohbau separate Elektroinstallationsschläuche verlegen (rechts im Bild).

Abb. 5.2 – Ein Kabelschacht vom Dachboden zum Keller mit mehreren Elektroinstallationsrohren. Im Keller liegen die Antennenkabel auf Putz in Installationsschächten, die als weiße Balken zu erkennen sind.

Abb. 5.3 – Ein Elektroinstallationsrohr im Mauerwerk, das sich später unter Putz einziehen lässt.

5.2 Den idealen Standort für die Antenne finden

Für den optimalen Empfang ist es egal, ob Sie die Satellitenschüssel auf dem Hausdach, an der Hauswand oder im Garten montieren. Entscheidend ist nur die freie Sicht zum Satelliten, die die Voraussetzung für störungsfreien Empfang ist. Damit das auch so bleibt, ist schon vor der Antennenmontage ein geeigneter Standort auszuwählen. Umliegende Gebäude sind dabei ebenso zu berücksichtigen wie Bäume, die man meist wie Ziersträucher nur in der momentanen Größe wahrnimmt. Sie können im Laufe der Jahre gewaltig wachsen und werden so nicht nur höher, sondern auch breiter. Auch Äste, die sich im Wind bewegen und zeitweise die freie Sicht zum Satelliten behindern, sind nicht zu unterschätzen. Schaut die Satellitenschüssel in der Nähe eines großen Baums vorbei, können sich bei Stürmen Äste kurzzeitig in den Sichtweg des Satelliten schieben und so den Empfang unterbrechen. Montiert man die Satellitenanlage im Winter, ist es schwer, die Fülle eines Laubbaums einzuschätzen. Nicht wenige Fernsehzuschauer mussten sich bereits für ihre Satellitenantenne einen neuen Standort suchen, nachdem der Empfang mit dem Sprießen der Blätter allmählich schlechter wurde. Das Zurechtstutzen der Bäume hilft meist nicht, weil sie wieder nachwachsen.

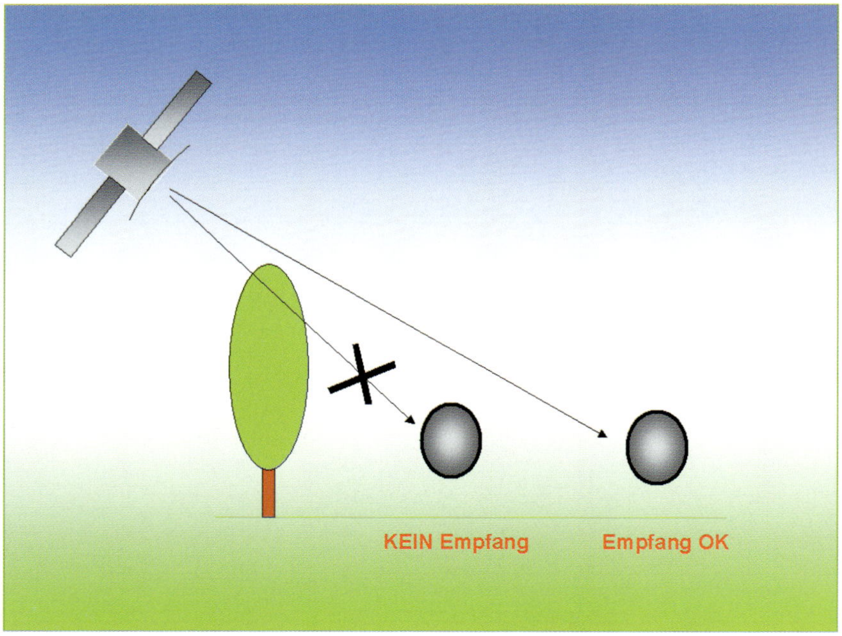

Abb. 5.4 –Die Grafik zeigt, dass man bei der Wahl des Schüssel-Montageorts die Umgebung im Auge haben muss. Steht die Antenne zu nahe an einem Gebäude oder etwa einem Baum, versperren diese die freie Sicht zum Satelliten, wodurch der Empfang nicht klappt. Bedenken Sie auch, dass Bäume oder Sträucher im Laufe der Jahre weiter wachsen. Schaut der Sat-Spiegel heute noch über sie hinweg, kann das in einigen Jahren schon ganz anders sein.

5.3 Satellitenspiegel unauffällig an Hauswand montieren

Die Satellitenschüssel lässt sich am besten an der Hausfront zwischen zwei Fenstern befestigen. Das wird optisch nicht als störend empfunden – ganz im Gegensatz zur Montage an einer Seitenwand: Eine dort montierte Satellitenantenne verleiht dem Haus den Eindruck, als hätte es ein „Ohr" bekommen. Man sollte diese Montageart deshalb nur wählen, wenn sonst keine Sichtverbindung zum Satelliten herzustellen ist. Als alternativer Antennenstandort kommt der Dachgiebel infrage, weil er die Ansicht des Hauses nicht über Gebühr strapaziert. Damit die gesamte Reflektorfläche der Antenne wirksam bleibt, ist bei dieser Montageart besonders auf den Winkel zu achten, mit der die Satellitenschüssel zum Himmel schaut – man spricht auch vom Elevationswinkel. Dieser ist von der Oberkante des Reflektors zu messen. Je weiter das Dach an den Hauswänden hervorsteht, umso größer ist die Gefahr, dass der Dachvorsprung die Satellitenantenne ganz oder teilweise verdeckt. Das schmälert ihren Gewinn und kann so das Fernsehvergnügen verleiden. Außerdem verschenken Sie Geld, wenn eine installierte teurere 90-cm-Antenne nur noch den Gewinn einer 50er-Schüssel liefert. Je weiter der Dachvorsprung nach vorne ragt, umso

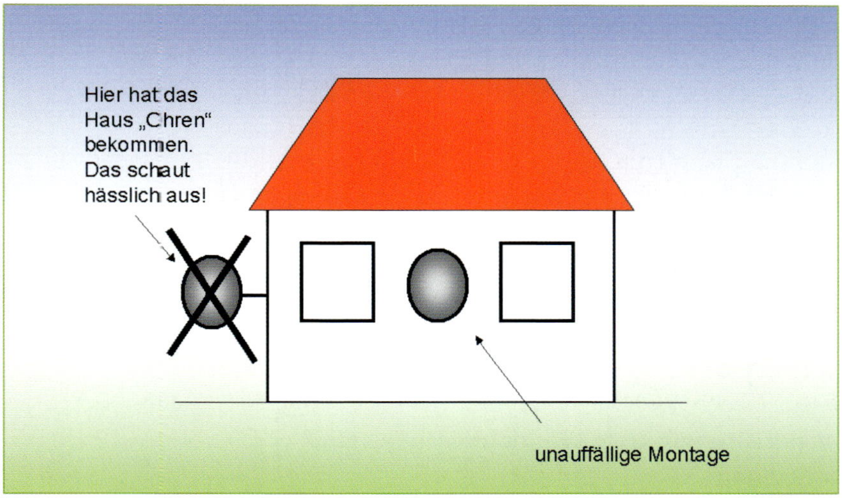

Abb. 5.5 – Die Satellitenantenne lässt sich am unauffälligsten an der Hausfront zwischen zwei Fenstern oder zwei Stockwerken befestigen.

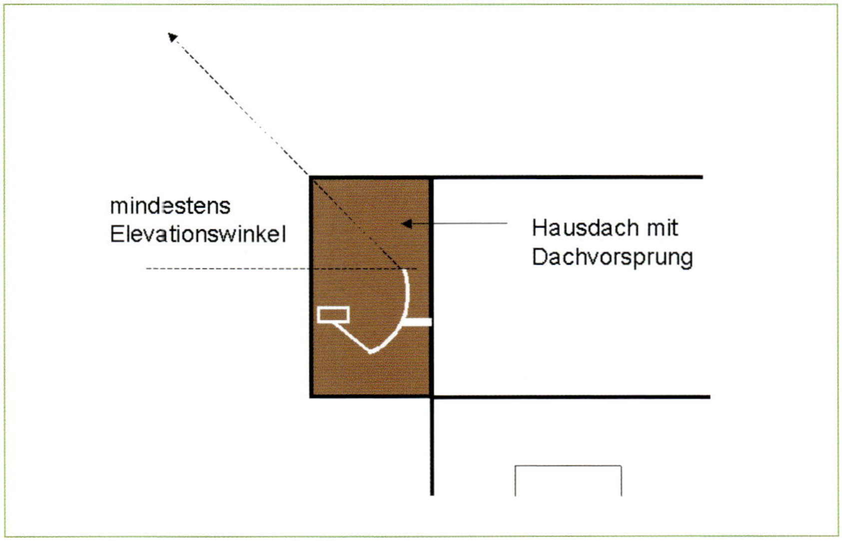

Abb. 5.6 – Bei der Montage unter dem Dachgiebel ist der Elevationswinkel des Satellitenspiegels zu beachten. Der Dachvorsprung darf Teile des Reflektors nicht bedecken.

5.3 Satellitenspiegel unauffällig an Hauswand montieren

weiter ist der Satellitenspiegel deshalb nach unten zu rücken. Um das zu vermeiden, können Sie auch eine größere Wandhalterung mit einem längeren Montagearm verwenden. Damit lässt sich zwischen Reflektor und Hausmauer ein Abstand von bis zu einem Meter realisieren. Die Wandhalterung ist übrigens wie ein Antennenmast zu erden, wenn der daran montierte Satellitenspiegel über die Dachunterkante ragt. Was beim fachgerechten Erden zu beachten ist, erläutert das Unterkapitel *Satellitenantenne auf dem Dach* unter der Überschrift *Erdung nicht vergessen*.

Abb. 5.7 – Eine optisch auffällige Konstruktion: An der Seitenwand des Hauses sollte man die Antenne deshalb nur installieren, wenn sonst keine Sichtverbindung zum Satelliten herzustellen ist.

Wandhalterung trotz Wärmeisolierung stabil befestigen

Neue Häuser sind an den Außenwänden aus Energiespargründen mit verschiedenen Wärmedämmungen isoliert. Diese weichen Materialien haben eine Dicke von rund 15 cm oder sogar mehr, auf denen einzig der Putz des Hauses hält. An einer wärmegedämmten Außenwand ist es deshalb nicht ohne Weiteres möglich, die Wandhalterung der Satellitenschüssel zu montieren. Beim Rohbau sollte man deshalb die Halterung anschrauben, bevor die Handwerker die Wärmedämmung auftragen. Die Halterung gibt es in verschiedenen Ausführungen. Sie unterscheiden sich in der Länge des Rohrauslegers, der zwischen rund 17 cm und 50 cm variiert. Wie lang der Ausleger sein muss, hängt davon ab, wie die Satellitenantenne später auszurichten ist. Muss die Antenne ungefähr parallel zur Hausmauer montiert sein, reicht ein kleinerer Ausleger. Soll die Satellitenschüssel dagegen schwenkbar sein, ist ein etwas längerer Montagearm erforderlich. Je größer dabei der Durchmesser der Antenne ist, umso länger muss der Ausleger der Wandhalterung sein. Steht der anzupeilende Satellit rund 90 Grad seitlich am Himmel, muss der Montagearm mindestens halb so lang sein wie der Durchmesser des Satellitenspiegels. Bei einer 90er-Schüssel sind das rund 45 cm bis 50 cm, weil der Reflektor der Antenne nicht die Hauswand berühren darf. Aber damit nicht genug: Weil die Wärmedämmung Platz beansprucht, ist auch deren Dicke zu berücksichtigen – entsprechend länger wird der Ausleger. An einer kleinen Halterung mit einem nur rund 17 cm langen Montagearm wird sich die Satellitenschüssel wahrscheinlich nicht befestigen lassen. Selbst von einem 50 cm langen Ausleger bleiben wegen der Wärmedämmung nur noch rund 35 cm übrig. Reicht dieser Abstand zur Hauswand nicht, sollte man eine andere Halterung wählen, damit der Ausleger die erforderliche Länge erhält. Dafür kann man auf komplette Wandhalterungen für Satellitenantennen zurückgreifen, die aus Aluminium oder Stahl gefertigt sind. Da Aluminium ein weiches Material ist, kann es sich unter Last langsam verbiegen – zumindest bei einer rund 15 kg schweren 90-cm-Schüssel. Sie sollten deshalb bei schweren Antennen auf jeden Fall zu einer Stahlkonstruktion greifen.

Zur Montage der Wandhalterung brauchen Sie meist vier rostbeständige verzinkte Gestellschrauben und verzinkte Beilagscheiben, die die Löcher der Halterung bedecken. Für das Bohren der benötigten Löcher in die Hauswand empfiehlt sich eine Schlagbohrmaschine mit Steinbohrer. Die Bohrungen müssen dabei tief genug sein, um die Schrauben in voller Länge aufzunehmen. Die Schrauben sollten ausreichend lang sein, vor allem, wenn Sie einen größeren und/oder schwereren Satellitenspiegel montieren möchten. Die erforderliche Schraubenlänge hängt dabei auch von der Art der Wand ab. In Hohlraumziegeln finden kurze Schrauben auf Dauer zu wenig Halt. Um auf Nummer sicher zu gehen, sind Gestellschrauben mit einem Durchmesser von 10 mm und einer Länge von zumindest 100 mm zu verwenden. Dazu braucht man Dübel der Größe S14, von denen auch der Durchmesser des benötigten Bohrers abhängt. Für einen 14-mm-Dübel eignet sich deshalb ein 14-mm-Steinbohrer.

Abb. 5.8 – Wandhalterungen für Satellitenantennen gibt es in unterschiedlichen Formen.

Abb. 5.9 – Zum Befestigen einer Wandhalterung braucht man vier Gestellschrauben, dazu passende Beilagscheiben und Dübel. Zu 10-mm-Schrauben passen S14-Dübel.

5.3 Satellitenspiegel unauffällig an Hauswand montieren

Achtung bei Außenwänden mit Vollwärmeschutz

Mit Vollwärmeschutz verkleidete Außenwände sind meist alles andere als stabil. Wenn Sie eine Leiter an die Hauswand stellen, besteht deshalb die Gefahr, dass scharfe Kanten der Leiter Dellen in die Wand drücken. Damit das nicht passiert, können Sie die Teile der Leiter, die an der Wand anliegen, mit etwas Schaumstoff umwickeln und so den Druck abfedern. Ähnliche Materialien, die Sie gerade griffparat haben, tun auch ihren Dienst. Dabei ist darauf zu achten, dass sich die Leiter trotzdem stabil an die Wand stellen lässt.

Abb. 5.10 – Steinbohrer erkennt man an ihrem groben Gewinde.

Abb. 5.11 – Die Größe eines Steinbohrers lässt sich am Schaft nachlesen. Im Bild: ein 8er-Bohrer.

Abb. 5.12 – Um das Antennenkabel in die Wohnung zu bringen, ist ein langer Steinbohrer erforderlich.

Abb. 5.13 – Dübel in der Hauswand geben Schrauben den nötigen Halt.

Antennenkabel sicher ins Gebäude führen

Nachdem die Wandhalterung der Antenne angeschraubt ist, ist die Kabeldurchführung ins Gebäude an der Reihe. Je nach Satellitenanlage muss sie groß genug sein, um genügend Antennenkabel durchzulassen. Verwenden Sie beispielsweise in der Satellitenschüssel einen Octo-LNB, um acht Satellitenreceiver anzuschließen, muss die Durchführung für acht Antennenkabel ausgelegt sein. Um die Durchführung zu bohren, brauchen Sie einen knapp halben Meter langen Steinbohrer, der im gut sortierten Baumarkt zu haben ist. Immerhin sind Außenmauern aus Ziegel bis zu 40 cm dick. Alternativ zu einer großen Bohrung lassen sich auch zwei kleinere Löcher in die Hauswand bohren, die je die Hälfte der Antennenkabel bequem aufnehmen. Für eine Mehrteilnehmer-Anlage mit separatem Multischalter brauchen Sie vier Antennenkabel – vorausgesetzt, Sie möchten nur eine Satellitenposition am Himmel anpeilen. Bei einer Mehrteilnehmer-Doppelfeed-Lösung, die zwei Satellitenpositionen empfängt, sind acht Antennenkabel erforderlich.

5.3 Satellitenspiegel unauffällig an Hauswand montieren

Nachdem das Loch für die Antennenkabel gebohrt ist, ist ein Elektroinstallationsschlauch oder ein Elektroinstallationsrohr hindurchzustecken. Rohr oder Schlauch stellen sicher, dass sich später die Kabel beim Einziehen in den Hohlräumen der Ziegel nicht verkanten oder zu Schaden kommen. Außerdem müssen Schlauch oder Rohr an der Außenwand rund 20 cm vorstehen. Damit sich die Antennenkabel später leicht einziehen lassen, sind enge Knicke beim Installationsschlauch zu vermeiden. Ideal ist, wenn Sie von außen durch das Installationsrohr ins Gebäude schauen können.

Satellitenschüssel an Wandhalterung schrauben

Wenn Sie die Wandhalterung befestigt und die Durchführung für die Antennenkabel realisiert haben, steht der erfolgreichen Montage der Satellitenantenne nichts mehr im Wege. Das ist allerdings manchmal nicht ganz einfach. Obwohl eine 90-cm-Antenne in unseren Breiten ein Standardmodell ist, zeigen sich ihre unhandlichen Abmessungen, wenn man sie an die Wandhalterung schrauben möchte. Im Wesentlichen besteht eine Satellitenschüssel aus zwei Teilen: dem Reflektor und der Halterung inklusive Schelle und LNB-Arm. Wenn es die Konstruktion der Antenne erlaubt, sollten Sie zuerst nur den Antennenträger mit angeschraubtem LNB an der Wandhalterung befestigen. Erst danach ist der Reflektor anzuschrauben. Dieses Vorgehen ist für stabile und schwere Satellitenspiegel anzuraten. Preiswerte Antennen muss man dagegen häufig am Boden vollständig zusammenbauen, so dass die Montage an der Wand ohne fremde Hilfe nur schwer möglich ist.

Wenn Sie die Satellitenantenne an die Wandhalterung schrauben, sollten Sie die Antenne zugleich optimal auf den Satelliten ausrichten. So sparen Sie sich später unnötige Arbeit. Wie dabei genau vorzugehen ist, erläutert das Unterkapitel *Satellitenspiegel am Antennenmast fachgerecht montieren*.

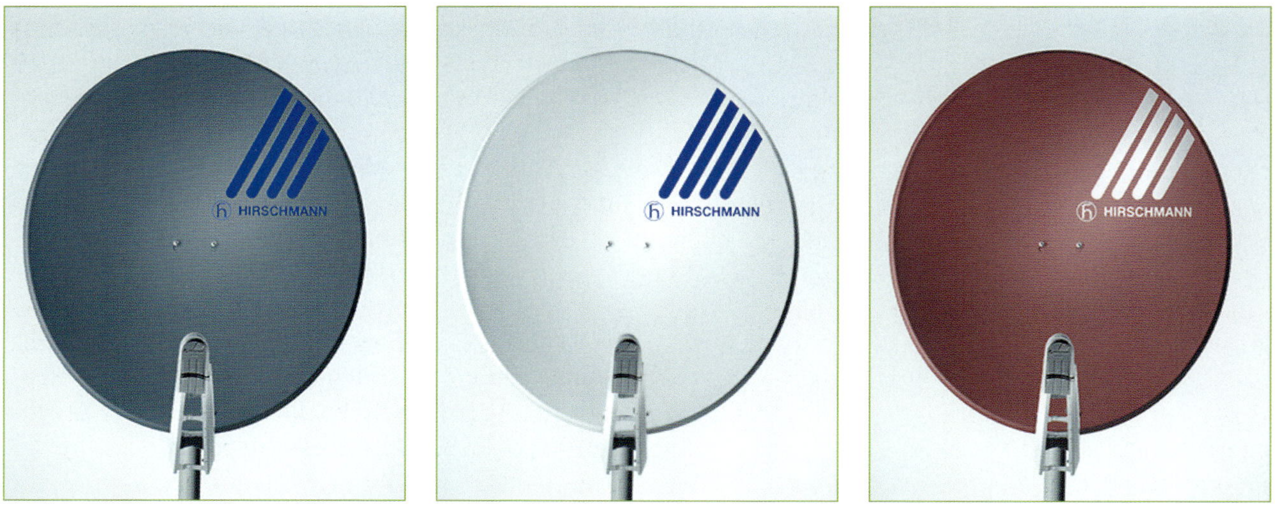

Abb. 5.14 – Viele Antennenhersteller bieten Sat-Spiegel in verschiedenen Farben an. Dadurch fällt es leicht, eine unauffällige Farbe für die Hauswand oder das Dach zu finden. (Bild: Hirschmann)

5.4 Satellitenantenne auf dem Dach

Am unauffälligsten lässt sich der Satellitenspiegel am Dach montieren, weil er von unten nur schwer zu sehen ist. Entscheidend für eine stabile Dachkonstruktion ist ein solider Antennenmast.

Den richtigen Antennenmast auswählen

Als Antennenmast eignen sich dickwandige verzinkte Stahlrohre mit einem Außendurchmesser von 6 cm am besten, die man in Schmieden, metallverarbeitenden Betrieben oder in Baustoffmärkten erhält. Meist schneidet das Personal die Rohre auch in der benötigten Länge zurecht. Manch ein Leser fragt sich jetzt vielleicht, warum es ein 6-cm-Rohr sein muss. Reichen nicht auch 5 cm Rohrdurchmesser – denn die Mastschellen der Satellitenschüssel begnügen sich mit 48 mm dicken Rohren. Erfahrungen haben gezeigt, dass sich 5-cm-Rohre bei starken Stürmen im Wind verdrehen können, so dass die angeschraubte Antenne nach links oder rechts federt. Kurzzeitige Bildausfälle sind die Folge. Im schlimmsten Fall können die dünneren Stahlrohre sogar knicken.

Die erforderliche Länge des Antennenmastes hängt von mehreren Faktoren ab. Zuerst ist seine Länge über Dach zu ermitteln. Je schräger ein Dach ist, umso länger sollte der Mast sein. Bei einem 90-cm-Satellitenspiegel brauchen Sie bei durchschnittlicher Dachneigung eine Mastlänge über Dach von 1 m bis 1,2 m. So ist sichergestellt, dass Sie die Antenne in größerer Höhe frei schwenken und passgenau auf den Satelliten ausrichten können. Ein höherer Mast kann außerdem im Winter helfen, ein Einschneien der Satellitenschüssel zu verhindern – vor allem in schneereichen alpinen Gegenden ein wichtiger Aspekt: Legt sich Schnee über den LNB, fällt die Satellitenanlage im schlimmsten Fall für mehrere Wochen aus. Wegen der hohen Unfallgefahr ist es zu gefährlich, aufs verschneite Dach zu klettern und die Schüssel freizuschaufeln. Neben der Aufbauhöhe hängt die erforderliche Mastlänge auch von der Dachdicke und der Höhe des Dachbodens ab. Der Dachquerschnitt ergibt sich dabei aus der Dachneigung. Bei einer Neigung von 30 Grad sind das rund 40 cm. Auf dem Dachboden kommt die Höhe vom Boden bis zur Dachinnenseite dazu. Den Mast auf den Boden zu stellen, ist ratsam, weil er sich so durch angeschweißte Winkeleisen gut verankern lässt. Damit es nicht durch das Antennenrohr ins Haus regnet, sollten Sie auf seine Spitze eine Mastabdeckkappe setzen, die es in verschiedenen Ausführungen gibt.

Am Antennenmast können Sie selbstverständlich neben dem Satellitenspiegel auch andere Antennen für den UKW-Rundfunk oder das Antennenfernsehen montieren – und zwar oberhalb der Satellitenantenne. In diesem Fall ist ein entsprechend längeres Antennenrohr erforderlich, das außerdem sturmfest sein muss. Diese Windlast, die in Newton gemessen wird, steigt auch mit der Größe der Satellitenschüssel, über die die folgende Tabelle informiert. Nur, wie lassen sich diese Angaben in der Praxis nutzen? Wie kann man feststellen, ob der Antennenmast die Satellitenantenne stabil tragen kann? Ganz einfach: Die mitgelieferten Produktinformationen informieren beim Antennenmast über die Windlast, die Antennen maximal haben dürfen, wenn man sie daran montieren möchte. Wenn Sie diesen Wert mit den Werten aus der Tabelle vergleichen, können Sie prüfen, ob der Mast für den vorgesehenen Satellitenspiegel infrage kommt. Möchten Sie weitere Antennen am Mast montieren, kommt deren Windlast dazu, über die bei Markenherstellern die mitgelieferten Datenblätter Auskunft geben.

5.4 Satellitenantenne auf dem Dach

Windlast für verschiedene Antennengrößen bei einem Staudruck von 800 N/m² nach EN 60728-11:

Antennendurchmesser	Windlast in Newton (N)
60 cm	300 N
75 cm	480 N
90 cm	730 N
120 cm	1.296 N
	(Quelle: Kathrein)

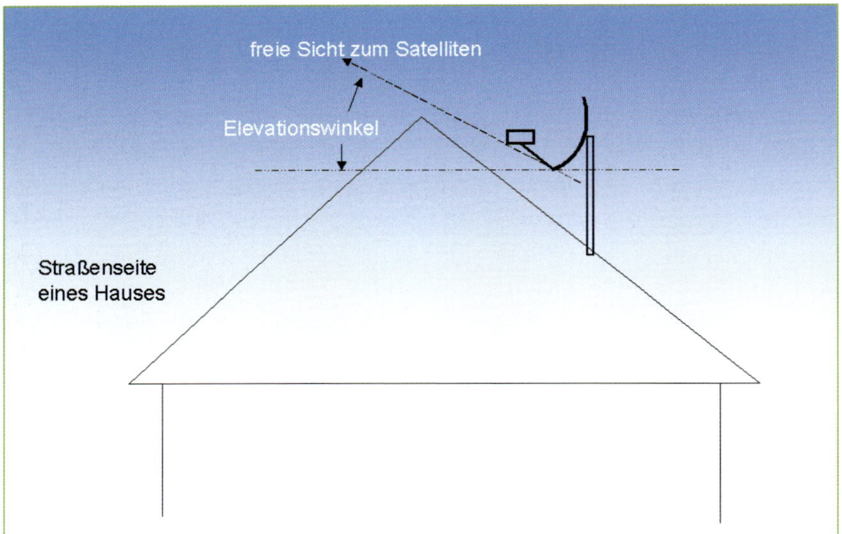

Abb. 5.15 – Montieren Sie die Satellitenantenne auf der Rückseite des Dachs, ist besonders auf freie Sicht zum Satelliten zu achten. Zwischen Antennen-Unterkante und Dachgiebel darf höchstens der Elevationswinkel liegen.

Antennenmast aufbauen: Wie beim modernen Dach vorzugehen ist

Möchte man einen Antennenmast aufbauen, stellt sich die Frage, wie man ihn durchs Dach kriegt. Dafür halten bekannte Antennenfirmen, aber auch Dachdeckermeister spezielle Dachziegel aus Kunststoff oder Blech in verschiedenen Farben bereit, die sich optisch den vorhandenen Dachziegeln anpassen. Diese Dachabdeckbleche oder Dachdurchführungsziegel besitzen in der Mitte einen kegelförmigen Aufsatz, durch den der Antennenmast zu schieben ist. Den optimalen Montageort findet man anfangs gar nicht so leicht, da moderne Dächer nicht nur aus Dachstuhl und Ziegeln bestehen, sondern auch aus einem Kaltdach: Je nach Ausführung kann der gesamte Dachstuhl mit Holz verschalt und zusätzlich mit diversen Folien abgedichtet sein. Erst darüber liegen die Dachziegel. Von innen sieht man also nicht, welcher Dachziegel auszuhängen ist, um den Mast an der gewünschten Stelle zu befestigen.

5.4 Satellitenantenne auf dem Dach

Man weiß noch nicht einmal, ob der gewünschte Platz überhaupt die Montage des Antennenmastes zulässt – denn an der Durchführungsstelle muss er an einem Dachstuhlbalken befestigt werden. Da Dachziegel mit ihrer Breite quasi ein Raster vorgeben, lässt sich der Mast außerdem nicht an beliebiger Stelle durchstecken. Trotzdem Entwarnung: Sofern ein Dachfenster vorhanden ist, können Sie abschätzen, welcher Dachstuhlbalken am ehesten zum Befestigen infrage kommt. Ist der ideale Ort schließlich gefunden, sägen Sie mit einer Stichsäge ein ausreichend großes Loch ins Kaltdach. Bei dieser Arbeit ist behutsam vorzugehen, da Dachbalken nicht angesägt werden sollten. Danach stecken Sie den Antennenmast durch das Loch, setzen den Dachdurchführungsziegel von oben auf und bringen ihn in Position. Gleichzeitig ist der Mast mit einer Wasserwaage auszurichten. Anschließend können Sie ihn mit angeschweißten Winkeleisen am Boden des Dachstuhls befestigen. Wer sich das Schweißen sparen möchte, kann den Antennenmast vor dem Aufbau mit einem Stahlbohrer durchbohren und über eine dicke Gewindestange an die Winkeleisen anschrauben. Der Dachdurchführungsziegel ist schließlich im Bereich der Mastdurchführung mit speziellen Abdeckkragen oder Hauben aus Gummi, Kunststoff oder Blech abzudichten. Sie lassen sich entweder über das Antennenrohr stülpen und auf die Durchführungsöffnung schieben oder an der Durchführungsstelle um den Mast wickeln. Damit alles 150-prozentig dicht ist, hilft ein Griff zur Silikonspritze.

Als eine der letzten Arbeiten ist der Antennenmast am Dachbalken mit einer Rohrschelle anzuschrauben und damit zu stabilisieren. Er kann sich so selbst bei starken Stürmen nicht verdrehen. Wahrscheinlich stellen Sie jetzt fest, dass der Mast mehrere Zentimeter vom Dachbalken entfernt steht – kein Problem: Mit stabilen „Unterlagehölzern" und entsprechend langen Schrauben lässt er sich trotzdem einwandfrei befestigen. Wichtig für einen stabilen Aufbau ist der Abstand zwischen den beiden Montagepunkten. Obwohl laut Vorschrift Antennenmasten nur im unteren Sechstel befestigt sein müssen, sollte man sie zur Sicherheit im unteren Viertel oder Drittel mehrmals gut anschrauben – vor allem, wenn man neben der Satellitenschüssel noch weitere Antennen daran befestigen möchte.

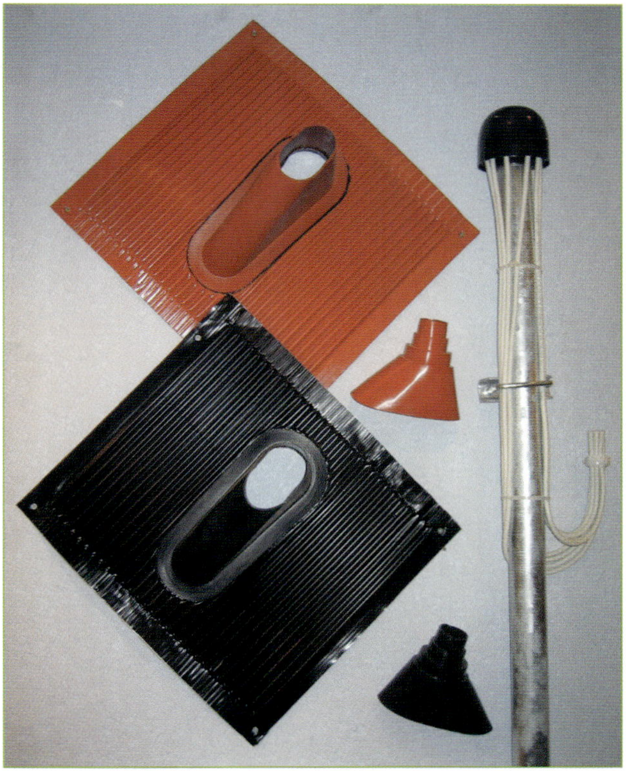

Abb. 5.16 – Dachdurchführungen für Antennenmasten gibt es in verschiedenen Ausführungen – zum Beispiel aus Blech in der passenden Dachfarbe. Sie lassen sich per Hand ungefähr an die Struktur der Dachziegel anpassen.

5.4 Satellitenantenne auf dem Dach

Antennenkabel sicher ins Gebäude führen

Für viele Leser mag das zunächst ein unlösbares Problem sein, ist es aber nicht. Besonders leicht klappt die Kabelführung bei klassischen Dachziegeln. Man braucht sie in der Nähe des Antennenmasts an ihrer Unterseite nur um einige Millimeter anzuheben und schon lassen sich die Antennenkabel problemlos durchschieben. Auf dem Dachboden nimmt man sie im Nahbereich der Mastdurchführung entgegen, also dort, wo das Kaltdach ohnehin aufgeschnitten ist. Bei dieser Methode bleibt das Dach vollkommen dicht. Die Kabelführung klappt allerdings bei Dachziegeln mit senkrechten Lüftungsöffnungen noch komfortabler. Diese Lüftungsziegel finden sich meist im Bereich der Dachgaupen, die im Sommer anstauende Dachbodenhitze ins Freie leiten. Da auch sie das normale Dachziegelformat haben, kann man einen Lüftungsziegel unmittelbar neben oder über dem Antennenmast einhängen. Durch die Lüftungsöffnungen passen ohne Schwierigkeiten viele Antennenkabel. Diese Methode ist einfach, absolut zuverlässig und natürlich wasserdicht. Um die Antennenkabel vom Dachboden durch Zimmerdecken in die erforderlichen Räume zu verlegen, eignet sich wie bei der Wandmontage der Satellitenantenne ein knapp halber Meter langer Steinbohrer.

Erdung nicht vergessen

Den Antennenmast müssen Sie mit der Erdungsanlage des Hauses verbinden. Dazu ist ein dicker gelbgrüner Draht, ein sogenannter Erdungsdraht, mit einer Erdungsschelle gut am Mast anzuschrauben. Der Erdungsdraht ist von dort mit der Potenzialausgleichsschiene im Elektroverteilerkasten des Hauses zu verbinden. Dabei sind die einschlägigen Sicherheitsvorschriften zu beach-

Abb. 5.17 – Antennenkabel lassen sich sehr leicht über einen Dach-Lüftungsziegel ins Innere führen.

Abb. 5.18 – Zur Montage des Antennenmasts ist das Kaltdach an einer Stelle zu entfernen.

ten. Auch Wandhalterungen sind zu erden, wenn der daran montierte Satellitenspiegel über die Dachunterkante ragt. Besitzt das Haus dagegen eine Blitzschutzanlage, müssen Sie diese mit Antennenmast oder Wandhalterung verbinden. Da die Blitzschutzanlage selbst eine gute Erdung ist, kann in diesem Fall das zusätzliche Erden des Masts oder der Wandhalterung entfallen. Aber damit nicht genug: Sie müssen auch auf den Überspannungsschutz achten, der in die Antennenkabel einzuschleifen ist. Mit Überspannungen sind kurzzeitige hohe elektromagnetische Entladungen bei Gewitter gemeint, die elektronische Geräte wie Receiver oder Multischalter beschädigen oder betriebsunfähig machen können. Der Überspannungsschutz ergänzt die Potenzialausgleichs-Maßnahmen in Antennenanlagen, indem er Überspannungen zwischen dem Innen- und Außen-Leiter des Antennenkabels auf ungefährliche Werte reduziert.

Abb. 5.19 – Antennenmasten sind zu erden oder mit der vorhandenen Blitzschutzanlage zu verbinden.

5.4 Satellitenantenne auf dem Dach

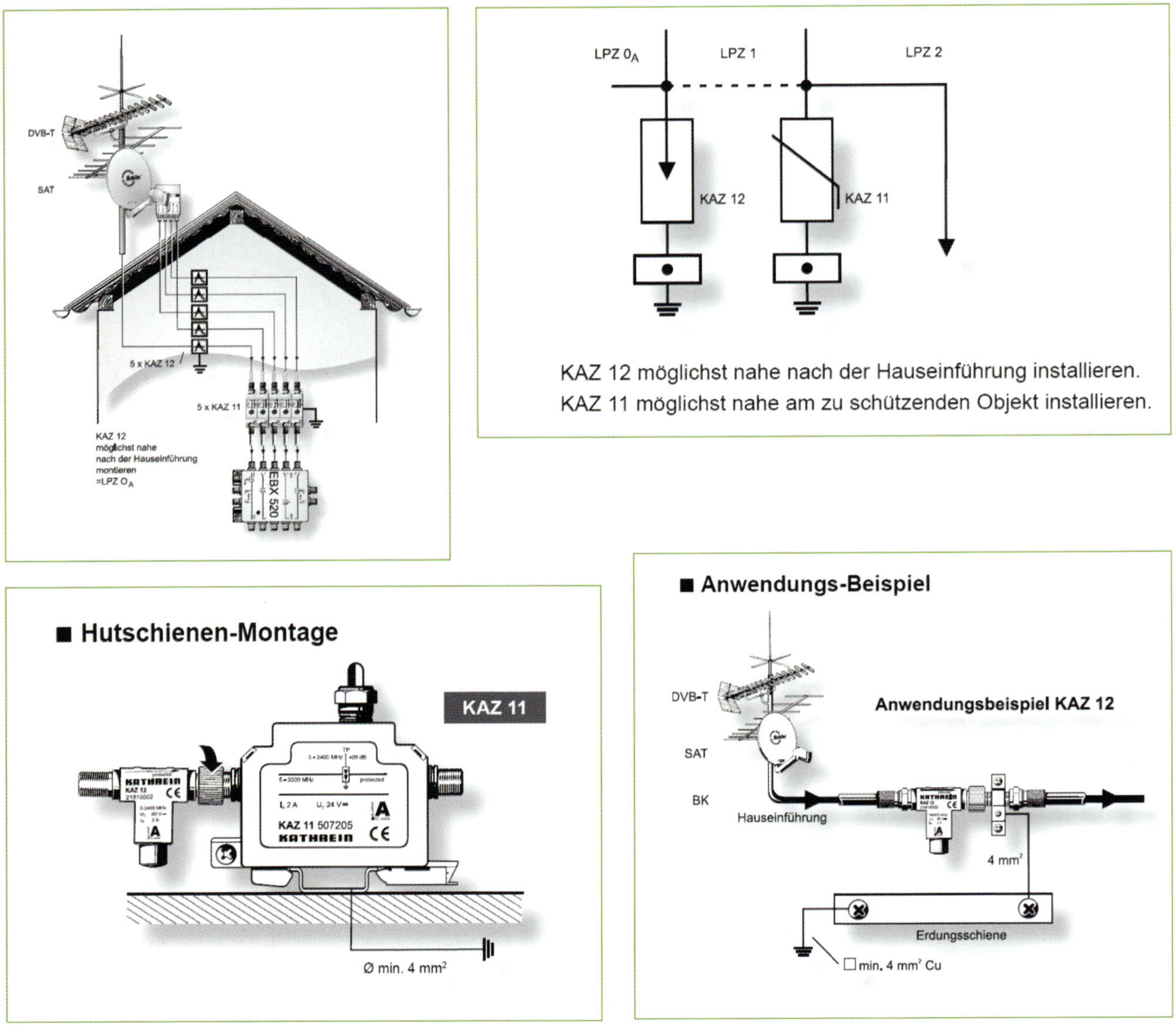

Abb. 5.20 – Der Blitzstromableiter (KAZ 12) ist möglichst nahe der Hauseinführung zu montieren und liefert einen groben Schutz für hohe Blitzströme. Die Blitzschutzanlage vervollständigt der Überspannungsschutz (KAZ11), den man möglichst nahe an den zu schützenden Objekten wie Receiver und Multischalter einbauen sollte.

5.4 Satellitenantenne auf dem Dach

Vorsicht bei Flachdächern

Sie kommen oft als vermeintlich guter Standort selbst für schwere Antennen infrage. Trotzdem ist davon abzuraten, obwohl sich dort eine Satellitenantenne besonders einfach montieren lässt. Ein Flachdach bleibt nur dicht, wenn seine Oberfläche an keiner Stelle zerstört wird. Um den Standfuß befestigen zu können, sind aber mehrere Bohrungen erforderlich. Selbst wenn Sie den Bereich der Bohrungen und Schrauben abdichten, bleibt diese Schwachstelle erhalten, die sich mitunter erst nach Jahren bemerkbar macht. Da moderne Flachdach-Bedeckungen als maßgefertigte wasserundurchlässige Folien auf die Oberfläche aufgebracht werden, könnte es vielleicht möglich sein, den bereits fertig montierten Standfuß mit einzupacken. Doch auch davon ist abzuraten, weil sich auf Dauer das Flachdach so nicht wasserdicht versiegeln lässt. Da eine Satellitenantenne frei steht, schwankt die Konstruktion bei Wind und Sturm. Das beansprucht den Bereich, auf dem der Standfuß befestigt ist. So bilden sich mitunter schon nach wenigen Jahren kleine Risse, durch die Wasser ins Haus eindringen kann. Da man Flachdächer nicht nur auf Garagen, sondern auch über Wohnräumen findet, sollte ein dauerhaft dichtes Dach Vorrang vor der Antenne haben. Spezialkonstruktionen aus Metallschienen, die über das gesamte Dach führen, sind sehr teuer und lohnen sich deshalb kaum für eine einzige Satellitenschüssel.

Abb. 5.21 – Größere Satellitenantennen sollte man nicht auf einem Flachdach montieren.

Abb. 5.22 – Installieren Sie eine Antenne auf dem Flachdach, wird es zuerst dort undicht, wo der Standfuß angeschraubt ist, weil sich die Konstruktion bei Sturm oder böigem Wind bewegt. Auch ein zusätzliches Abdichten hilft auf Dauer nicht.

5.5 Satellitenspiegel am Antennenmast fachgerecht montieren

Wie bei der Montage an der Wandhalterung sollten Sie Schritt für Schritt vorgehen, wenn Sie den Satellitenspiegel am fertig aufgebauten Antennenmast montieren möchten – sofern das die Konstruktion erlaubt. Satellitenschüsseln mit einem Durchmesser von 90 cm sind als fertig zusammengebaute Antenne allein wegen ihrer Abmessungen nur noch schwer von einer Leiter aus zu montieren. Das systematische Vorgehen ist deshalb vor allem für stabile und schwere Satellitenspiegel anzuraten, weil es die Arbeit erheblich erleichtert.

Zuerst befestigen Sie nach Bild 5.23 Antennengestell und LNB-Arm mit der Mastsschelle am Antennenmast oder an der Wandhalterung. Dabei stellen Sie ungefähr die Schräge ein, mit der die Antenne den Satelliten anschauen soll. Diese Schräge, der sogenannte Elevationswinkel, ist vom Wohnort und vom anzupeilenden Satelliten abhängig. Astra auf 19,2 Grad Ost steht in Norddeutschland rund 27 Grad über dem Horizont. In Österreich müssen Sie dagegen einen Winkel von etwa 33 Grad einstellen. Wenn Sie die Schräge des Antennengestells grob eingestellt haben, drehen Sie die Befestigungsmuttern nur so fest, dass sich der Reflektor nach Bild 5.24 sicher montieren und festschrauben lässt (Bild 5.25). Fest anziehen sollten Sie die Muttern an der Antennenhalterung erst später, wenn der Satellitenspiegel genau auf den Satelliten ausgerichtet ist. Jetzt schrauben Sie den LNB an (Bild 5.26). Ist die Befestigungsschelle des LNB auf einer Leiter nur schwer erreichbar, können Sie ihn auch am Antennengestell befestigen, bevor Sie dieses in windiger Höhe am Antennenmast montieren.

Abb. 5.23 – Bild 1: Zuerst sind Antennengestell und LNB-Arm mit der Mastschelle am Antennenmast mit leicht angezogenen Muttern zu befestigen.

Abb. 5.24 – Bild 2: Nachdem Sie die Schräge des Antennengestells grob eingestellt haben, montieren Sie den Reflektor der Satellitenantenne.

5.5 Satellitenspiegel am Antennenmast fachgerecht montieren

Abb. 5.25 – Bild 3: Den Reflektor können Sie bereits fest anschrauben.

Abb. 5.26 – Bild 4: Jetzt montieren Sie den LNB. Ist seine Befestigungsschelle in windiger Höhe nur schwer erreichbar, lässt er sich auch am Boden am Antennengestell festschrauben, bevor Sie beides nach oben hieven.

Satelliten für optimalen Empfang genau anpeilen

Wenn Sie den Satellitenspiegel am Antennenmast befestigen, sollten Sie zugleich die Antenne optimal auf den Satelliten ausrichten. So sparen Sie sich später unnötige Arbeit. Dazu schließen Sie an den Antennenausgang des fertig montierten LNB über ein provisorisch verlegtes Antennenkabel einen Digitalreceiver an (Bild 5.27) und verbinden diesen mit dem TV-Gerät. Man kann dazu Receiver und Fernseher in der Nähe der Antenne aufstellen, zum Beispiel auf dem Dachboden. Haben Sie einen Twin-, Quad-, Okto-, Monoblock- oder Duo-LNB vor sich, können Sie den Digitalreceiver an jedem Antennenausgang anschließen. Anders beim Quattro-LNB, bei dem pro Ausgangsbuchse nur ein bestimmter Satellitenfrequenzbereich zur Verfügung steht. Zu empfehlen ist der Ausgang, der Programme aus dem oberen Ku-Band in horizontaler Polarisation ausgibt, weil dort die meisten deutschsprachigen Programme wie ARD und ZDF übertragen werden. Dieser ist entsprechend beschriftet.

Sind Digitalreceiver und Fernseher über ein provisorisch verlegtes Antennenkabel an den LNB angeschlossen, können Sie den Satelliten meist lokalisieren, weil der Elevationswinkel bereits grob eingestellt ist. Sie schwenken dafür die Satellitenantenne langsam von Ost nach West (Bild 5.28), als Orientierungshilfe können Satellitenschüsseln aus der Nachbarschaft dienen. Dabei sind Signalpegel und Signalqualität am Fernsehbildschirm nach Bild 5.29 zu beobachten, die der Satellitenreceiver im manuellen Sendersuchlauf-Menü übermittelt. Das klappt am besten, wenn eine zweite

5.5 Satellitenspiegel am Antennenmast fachgerecht montieren

Abb. 5.27 – Bild 5: Um die Antenne optimal ausrichten zu können, stecken Sie zuerst das Antennenkabel des Digitalreceivers in eine LNB-Ausgangs-Buchse.

Abb. 5.28 – Bild 6: Um den Satelliten am Himmel aufzustöbern, schwenken Sie die Satellitenantenne langsam von Ost nach West.

Person die Werte abliest und durch Zuruf an den Antennenmonteur übermittelt. Die Antenne ist optimal ausgerichtet, wenn beide Werte maximal sind (Bild 5.30). Das klappt meist nicht auf Anhieb. Ist überhaupt kein Pegelausschlag erkennbar, muss man den Neigungswinkel der Antenne nach oben oder unten ändern und sie wieder langsam von Ost nach West drehen. Sobald Sie einen Signalpegel feststellen können, richten Sie den Satellitenspiegel auf maximalen Pegel und maximale Signalqualität aus. Hat das geklappt, drehen Sie die Muttern am Antennengestell fest, um die Satellitenschüssel zu fixieren (Bild 5.31). Damit die Muttern beim Festdrehen ihre Position behalten, sollte man sie abwechselnd nur mit einer Umdrehung mit dem Schraubenschlüssel festziehen: Zuerst drehen Sie die linke Mutter einmal um die eigene Achse, danach die rechte Mutter und wieder von vorne. Dabei sollten Sie stets die Anzeige für den Signalpegel am TV-Bildschirm im Auge behalten. Dieser kann sinken, je fester die Antenne angeschraubt ist – denn sie hängt etwas nach unten, wenn sie nur locker an Antennenmast oder Wandhalterung montiert ist. Je fester die Mastschelle angezogen wird, umso mehr hebt sich die Satellitenschüssel und schaut steiler gen Himmel. Umgekehrt kann der Signalpegel allerdings auch steigen. In diesem Fall war die ursprünglich eingestellte Schräge zu steil, die Antenne hebt sich nun quasi von selbst in die korrekte Empfangslage.

Wenn der Satellitenspiegel fest an Antennenmast oder Wandhalterung montiert ist, können Sie den Winkel, mit der die Antenne zum Satelliten schaut, optimieren (Bild 5.32). Dazu lösen Sie die seitlichen Elevationsschrauben so weit, dass Sie den Reflektor mit der Hand schwenken können und verändern den Neigungswinkel etwas. Ist der maximale Signalpegel erreicht, drehen Sie die Elevationsschrauben fest, und die Antenne ist optimal auf den Satelliten ausgerichtet (Bild 5.33). Zur Sicherheit sollte man noch einmal Schräge und Ausrichtung der Antenne kontrollieren – und das ist einfach: Sie biegen den Reflektor ein klein

5.5 Satellitenspiegel am Antennenmast fachgerecht montieren

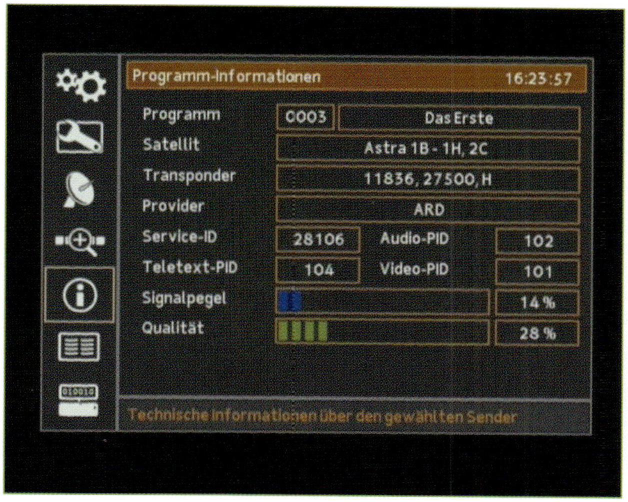

Abb. 5.29 – Bild 7: Digitalreceiver besitzen im manuellen Sendersuchlauf-Menü gut sichtbare Balkenanzeigen für Signalstärke und Signalqualität. Sie reagieren schnell und eigenen sich deshalb, um den Satelliten genau anzupeilen.

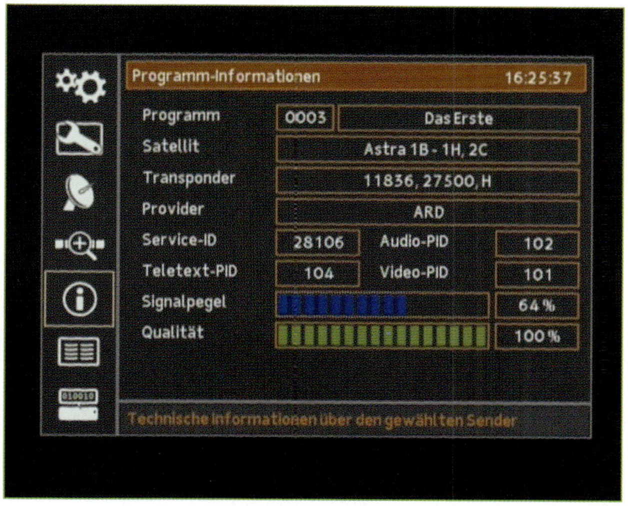

Abb. 5.30 – Bild 8: Zeigen die Balkendiagramme für Signalstärke und -qualität die höchsten Werte, ist die Antenne optimal auf den Satelliten ausgerichtet.

Abb. 5.31 – Bild 9: Ist der Satellitenspiegel genau ausgerichtet, ziehen Sie die Muttern der Antennenhalterung fest, um ihn an Mast oder Wandhalterung zu fixieren.

wenig zur linken und zur rechten Seite, nach oben und nach unten. Steigt dabei der Signalpegel noch etwas an, ist die Parabolantenne nicht exakt ausgerichtet und weiter optimierbar.

Haben Sie mit provisorisch aufgebautem Satellitenreceiver und Fernseher die Antenne optimal ausgerichtet und fest an Mast oder Wandhalterung angeschraubt, können Sie Ihre Satellitenanlage dauerhaft verkabeln. Welche Antennenleitungen zu empfehlen sind, wie beim Verlegen der Kabel und beim Anschließen von Digitalreceiver, Multischalter und Co vorzugehen ist, erläutert das Kapitel *Satellitenanlage richtig verkabeln* ausführlich.

5.5 Satellitenspiegel am Antennenmast fachgerecht montieren

Abb. 5.32 – Bild 10: Der Winkel, mit der die fest am Mast montierte Antenne zum Satelliten schaut, lässt sich optimieren. Dazu lösen Sie die seitlichen Elevationsschrauben etwas.

Abb. 5.33 – Bild 11: Wenn der maximale Signalpegel erreicht ist, drehen Sie die Elevationsschrauben fest. Die Satellitenantenne sollte jetzt optimal ausgerichtet sein. Sicherheitshalber sollte man ihre Schräge und Ausrichtung noch einmal kontrollieren.

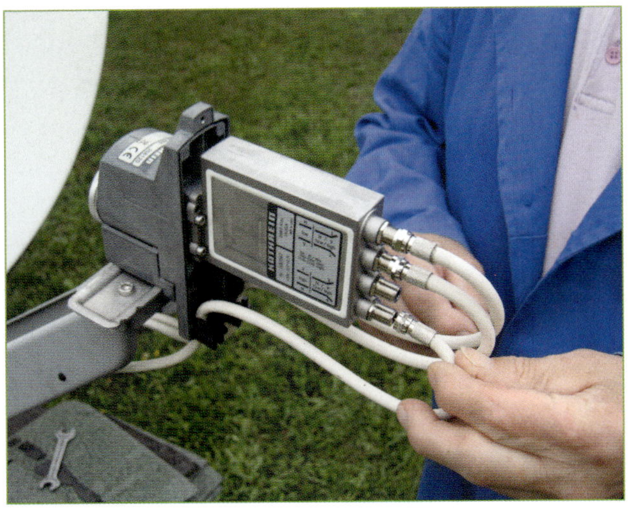

Abb. 5.34 – Nachdem die Antenne auf den Satelliten eingestellt ist, können Sie die Antennenkabel am LNB anschrauben und …

Abb. 5.35 – … die LNB-Schutzkappe montieren. Die Satellitenschüssel ist jetzt betriebsbereit aufgebaut.

6 Satellitenanlagen in Altbauten installieren

Bei der Montage der Satellitenanlage im Altbau können Sie auf eine bestehende Antenneninfrastruktur zurückgreifen und diese für Satellitenempfang optimieren. Oft führen alle Antennenkabel vom Dachboden zu den einzelnen Fernsehteilnehmern. In kleinen Ein- und Zweifamilien-Häusern ist unter Dach außerdem häufig eine kleine Antennenweiche montiert, von der Antennenkabel direkt ins Wohn- oder Schlaf-Zimmer verlegt sind. Versorgt dabei das Koaxialkabel nur eine einzige Antennensteckdose im Wohnraum mit Fernsehbildern, können Sie diese Infrastruktur auch für den Satellitenempfang nutzen – vorausgesetzt, die alten Antennenkabel dämpfen den Signalpegel nicht zu stark.

6.1 Empfehlenswert: Satellitenantenne auf dem Dach

Bei älteren Gebäuden ist meist eine Montage der Satellitenantenne auf dem Dach zu empfehlen. Einerseits sind die Hausbewohner am wenigsten von der neuen Antenne betroffen, weil sie sie kaum sehen können. Wer hat schon Freude daran, wenn er plötzlich neben seinem Fenster eine Schüssel montiert bekommt? Andererseits lassen sich der meist vorhandene Antennenmast und die Kabeldurchführung ins Gebäudeinnere für den Satellitenempfang problemlos nutzen – vorausgesetzt die Schüssel hat vom Antennenmast freie Sicht zum Satelliten. In seltenen Fällen können in Richtung Süden hohe Bäume den Empfang behindern. Der Dachboden bietet außerdem genügend Platz, um für eine Mehrteilnehmer-Satellitenanlage den erforderlichen Multischalter zu montieren.

Vorhandenen Antennenmast prüfen

Da eine Satellitenantenne dem Wind eine weitaus größere Angriffsfläche bietet als eine übliche Dachantenne, ist der Zustand des Antennenmastes zu überprüfen. Er sollte mindestens einen Durchmesser von 5 cm besitzen sowie fest und stabil montiert sein. Besser sind 6 cm, damit er sich bei starken Stürmen nicht verdrehen kann. Hat Rost dem Antennenmast bereits arg zugesetzt, kann ein neues Antennenrohr erforderlich sein. Gleiches gilt für das Befestigungsmaterial. Der Mast muss natürlich auch genügend Platz für eine Satellitenschüssel bieten, die am unteren Ende zu montieren ist. Ist er bereits voll mit Antennen bestückt, sollten Sie prüfen, ob alle funktionstüchtig sind und ob Sie überhaupt noch alle Antennen brauchen. Schließlich sind fast alle Fernsehprogramme, die mit der alten Dachantenne empfangbar sind, auch über Satellit zu sehen. Gleiches gilt für die UKW-Radioprogramme, die Sie meist auch über Satellit hören können. Deshalb ist beispielsweise der Empfang von ARD und ZDF über das digitale Antennenfernsehen DVB-T nicht erforderlich. Möchten Sie trotzdem nicht auf den DVB-T-Empfang verzichten, reicht oft eine UHF-Antenne. Diese brauchen Sie auch, wenn Sie die Fernsehprogramme des britischen Soldatensenders BFBS oder des amerikanischen Soldatensenders AFN sehen möchten. Beide Programme lassen sich in einigen Regionen Deutschlands mit der Dachantenne empfangen. Meist wird die UHF-Antenne allerdings nicht erforderlich sein, so dass sich die Satellitenschüssel problemlos am Antennenmast montieren lässt. Wie dabei vorzugehen ist, um zugleich die Antenne optimal auf den Satelliten auszurichten, erläutert im Abschnitt *Satellitenanlagen in Neubauten installieren* das Kapitel *Satellitenspiegel am Antennenmast fachgerecht montieren*.

Antennenmast über bewohntem Dachboden aufbauen

Ist auf dem Dach des Altbaus noch kein Antennenmast montiert, muss man einen aufbauen. Wenn der Dachboden nicht ausgebaut ist, können Sie so wie bei Neubauten vorgehen. Das Kapitel *Satellitenanlagen in Neubauten installieren* informiert darüber in den Unterkapiteln *Den idealen Standort für die Antenne finden* und *Satellitenantenne auf dem Dach* ausführlich. Was jedoch, wenn der Dachboden ausgebaut ist? Ein Hausbewohner wird keine Freude am Satellitenempfang haben, wenn der Antennenmast im Wohnzimmer steht. Bei einigen Firmen erhält man für solche Fälle Dachsparrenhalter, die die Montage einer Satellitenantenne bis zu einem Durchmesser von 1 m erlauben. Darunter versteht man einen Antennenmast von bis zu 1,3 m Länge, der an seinem unteren Ende an einem Teleskopstangensystem befestigt ist. Dieses Stangensystem lässt sich an Dachstuhlbalken mit einem Abstand von rund 50 cm bis 90 cm befestigen. Das Rohr ist schwenkbar ausgeführt, so dass die Sparrenhalter bei Dachneigungen von 0 Grad bis 60 Grad infrage kommen. Es gibt die Dachsparrenhalter in mehreren Ausführungen. Besonders stabil sind Systeme, die mit zwei abgesetzten Teleskopstangen arbeiten, an denen Sie den Antennenmast stabil montieren können. So kann sich der Mast selbst bei starkem Wind weder verdrehen, noch kann er kippen. Einfachere Sparrenhaltersysteme mit nur einer Teleskopstange liefern einen etwas geringeren mechanischen Halt, weil der Mast nur an zwei Punkten angeschraubt wird. Es ist nicht auszuschließen, dass sie bei sehr starken Stürmen keinen ausreichenden Halt liefern.

Dachsparrenhalter machen die Montage der Satellitenschüssel auf dem Dach einfach, schaffen jedoch eine Frage nicht aus der Welt: Wie kriegt man die Antennenkabel ins Gebäude, wenn der Dachboden bewohnt ist? Schließlich müssen die Antennenkabel außerhalb

Abb. 6.1 – Dachsparrenhalterungen erlauben die feste Montage eines Antennenmastes, obwohl der Dachboden bewohnt ist.

Abb. 6.2 – Bei Dachsparrenhalter-Systemen mit zwei Teleskopstangen ist der Mast sehr stabil an zwei Punkten befestigt, so dass er auch bei stärksten Stürmen nicht umkippen kann.

Abb. 6.3 – Bei einfachen Dachsparrenhalter-Systemen lässt sich der Antennenmast nur an einer Teleskopstange befestigen. Ob diese Konstruktion starken Stürmen standhält, wenn eine schwerere Satellitenantenne angeschraubt ist, ist fraglich.

6.1 Empfehlenswert: Satellitenantenne auf dem Dach

Abb. 6.4 – Einige Dachbedeckungen lassen nur wenig Spielraum für die Montage eines Dachsparrenhalters. Selbst für solche Fälle gibt es geeignete Modelle.

Abb. 6.5 – Die Koaxialkabel lassen sich mit Hilfe spezieller Mast-Abdeckhauben durch den Antennenmast nach innen führen.

bewohnter Bereiche ins Gebäude führen – und genau an einer solchen Stelle sollten Sie die Dachsparrenhalter montieren. Denn auch bei einem bewohnten Dachboden gibt es meist Bereiche, die nicht bewohnt sind – zum Beispiel das Treppenhaus. An dieser Stelle können Sie die Kabel über ein Loch im Kaltdach ins Innere führen und von dort die Fernsehprogramme im Haus verteilen. Die Sparrenhalter sind von außen und innen montierbar. Sie lassen sich auch zwischen zwei Wände einspannen und bieten so viele Montagemöglichkeiten. Zur Montage der Halterung brauchen Sie nur die Dachziegel zwischen zwei Dachstuhlbalken abzunehmen und den Sparrenhalter an einem Dachstuhlbalken festzuschrauben. Anschließend sind die gelockerten Teleskopstangen so weit auszuziehen, so dass Sie das zweite Ende des Halters am nächsten Dachbalken befestigen können. Zuletzt fixieren Sie die Teleskopstangen, richten den Antennenmast mit der Wasserwaage aus und schrauben ihn an der Halterung fest.

Abb. 6.6 – Spezielle Antennen-Halterungsbügel erlauben es auch, die Satellitenschüssel am Dachstuhl zu befestigen, ohne einen Antennenmast aufstellen zu müssen.

6.2 Wann die Hauswand als Antennenstandort infrage kommt

Bei älteren Häusern können Sie die Satellitenantenne natürlich auch an der Hauswand befestigen. Das bietet sich an, wenn man vom vorgesehenen Montage-Ort durch die Wand direkt in den Dachboden gelangt. Von dort lassen sich die bereits verlegten Antennenkabel zu den Fernsehteilnehmern fürs Satellitenfernsehen nutzen – vorausgesetzt, sie sind noch nicht zu alt. Ob die Kabel zu alt sind und wie Sie das feststellen können, beschreibt das nächste Kapitel. Wenn das Haus bisher Kabelfernsehen hatte, kann man das Satellitenfernsehen auch vom Keller aus über vorhandene Koaxialkabel verteilen. In diesem Fall sollten Sie die Parabolantenne in geringer Höhe an der Hauswand befestigen. Die kurze Antennenleitung in den Keller vermeidet unnötige Kabelverluste und schont den Geldbeutel.

Wandhalterung stabil befestigen

Wenn die Hauswand einen Vollwärmeschutz besitzt, können Sie die Halterung für den Satellitenspiegel nicht einfach anschrauben, weil die Antenne allein durch ihr Eigengewicht herunterfallen würde. Deshalb müssen Sie zuerst den Wärmeschutz entfernen, um so das Mauerwerk freizulegen. Allein daran lässt sich die Antennenhalterung dauerhaft stabil montieren. Wie man die Antennenkabel am besten ins Gebäude führt und die Satellitenantenne fachgerecht an die Wandhalterung schraubt, beschreibt das Kapitel *Satellitenanlagen in Neubauten installieren* im Unterkapitel *Satellitenspiegel unauffällig an Hauswand montieren* ausführlich.

Meist scheuen Hausbesitzer davor zurück, für die Sat-Antennenmontage die Wärmedämmung aufzuschneiden. Immerhin ist ihr teilweises Entfernen nicht ganz unproblematisch. Zum einen schaffen Sie damit eine Stelle, an der Feuchtigkeit in das Innere der Isolierung gelangen kann. Außerdem kann der auf der Isolierung aufgebrachte Verputz an den Schneidekanten ausbrechen. Nachdem Sie die Halterung stabil an der Hauswand befestigt haben, müssen Sie die entstandene Öffnung wieder mit Isoliermaterial verschließen. Zuletzt müssen Sie am Arbeitsbereich einen neuen Verputz auftragen. Er ist Voraussetzung, damit der Verputz wieder die ursprüngliche Stabilität erhält. Da das Ganze ja auch schön sein soll, stellt sich die Frage, inwieweit sichtbare Spuren verbleiben, etwa, weil Sie den Farbton der Wand an der wieder zugekitteten Stelle nicht hundertprozentig erwischt haben.

Worauf Sie bei der Wandmontage weiter achten sollten, ist die Beschaffenheit des Mauerwerks. Während lange Schrauben und Dübel in Ziegel- oder Betonwänden auch auf lange Sicht gut halten, eignen sich die Außenwände von Fertigteilhäusern oft überhaupt nicht dafür. Sie bestehen, vereinfacht ausgedrückt, mitunter überhaupt nur aus dünnen Holzschalen, die mit Dämmstoffen gefüllt sind und auf denen weitere Isoliermaterialien aufgebracht sein können. Unter solchen Voraussetzungen wundert es nicht, wenn meist der Dachmontage der Vorzug gegeben wird.

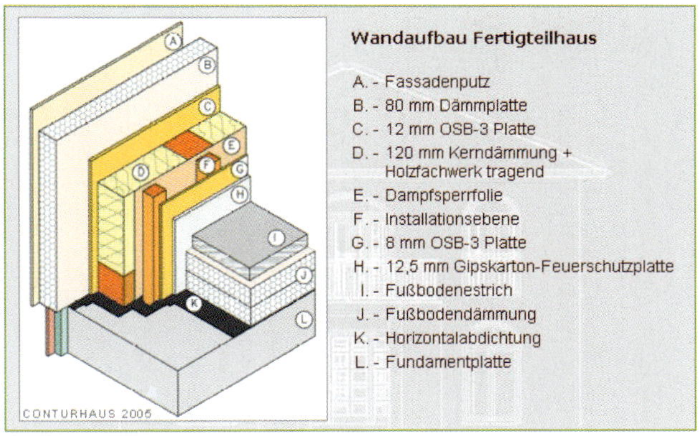

Abb. 6.7 – Bei zahlreichen Fertigteilhäusern wird bei den Außenwänden primär auf Energieeffizienz geachtet. Moderne Baustoffe und Wandzusammensetzungen, so wie diese oder ähnliche, sind nicht unbedingt dafür vorgesehen, schwere Lasten, wie Sat-Antennen und Wandhalterungen zu tragen. (Bild: Conturhaus)

6.3 Sind die alten Antennenkabel für Satellitenempfang verwendbar?

Bei der nachträglichen Installation einer Satellitenschüssel an einem Altbau, stellt sich die Frage, ob die vorhandenen Antennenkabel weiter verwendbar sind. Das hängt vor allem vom Alter der Kabel ab, die man nach rund 15 Jahren austauschen sollte. Je älter sie sind, desto mehr dämpfen sie das Fernsehsignal. Da alte Antennenkabel außerdem nicht für die hohen Satellitenfrequenzen ausgelegt sind, dämpfen sie den Signalpegel der Satellitenprogramme zusätzlich. Nach Möglichkeit sollten Sie deshalb alte Koaxialkabel gegen neue austauschen – zumal die neuen besser gegen Einstrahlungen durch andere Funkanwendungen geschirmt sind.

Wenn Sie keine zusätzlichen neuen Antennenkabel verlegen wollen oder dürfen, haben Sie die Möglichkeit, auf eine Einkabel-Satellitenanlage zurückzugreifen. Dieses Satellitensystem nutzt die alten Antennenkabel im Haus, um die Satellitenprogramme zum Fernsehzuschauer zu transportieren – allerdings bei deutlich vermindertem Fernsehkomfort. Da manche Einkabelsysteme nur einen bestimmten Satellitenfrequenzbereich empfangen, stehen nicht alle deutschsprachigen Programme vom Astra-Satelliten zur Verfügung. Andere Einkabellösungen erlauben zwar den Empfang aller Programme, begrenzen aber den Anschluss auf vier Satellitenreceiver. Deutlich mehr Flexibilität bieten Einkabellösungen mit einem Multischalter, die allerdings einen etwas höheren Planungsaufwand erfordern. Das Kapitel *Spart Geld und Arbeit: Einkabel-Lösung im Altbau* informiert ausführlich über Möglichkeiten und Grenzen dieser Satellitensysteme.

6.4 Neue Antennenkabel nahezu unsichtbar verlegen

Haben Sie sich entschieden, neue, qualitativ hochwertige Antennenkabel zu verlegen, klappt das am leichtesten in Elektroinstallationsschläuchen. Sie sind meist im Haus montiert und fassen die alten Antennenleitungen. Die Installationsrohre für den Satellitenempfang zu nutzen, kann allerdings zum Problem werden, wenn Schmutz und Staub im Laufe der Jahre die darin eingezogenen Fernsehkabel „einbetoniert" haben. Man erkennt das daran, dass sich die eingezogenen Kabel weder in die eine noch in die andere Richtung herausziehen lassen. Sie sollten in solchen Fällen prüfen, ob sich die alten Antennenleitungen noch verwenden lassen. Dazu schließen Sie daran Sat-Antenne und Satellitenreceiver an und überprüfen das Fernsehbild. Hat man Glück, funktionieren sie noch. Verweigert das alte Kabel den Dienst, werden Sie meist nicht umhinkommen, neue Fernsehkabel im Wohnbereich zu verlegen. Das ist auch bei Häusern der Fall, die 40 Jahre oder älter sind. Verlegte Elektroinstallationsrohre sind dort meist sehr schmal und fassen nur ein Antennenkabel. Da es in den 70er-Jahren noch keinen privaten Satellitenempfang gab, versorgte ein Kabelstrang die Fernseher im ersten Stock und im Erdgeschoss. Da häufig noch Platz im Installationsrohr war, wurde darin auch die Telefonleitung verlegt. Möchten Sie zusätzliche Antennenleitungen einziehen, ist dafür kein Platz mehr. In solchen Fällen müssen Sie die Antennenkabel auf Putz verlegen – und das kann trotzdem weitgehend unsichtbar geschehen. Kleine Schächte kommen dafür infrage, Ecken hinter einem Vorhang und Lücken hinter großen Möbelstücken wie Schrankwänden. Da sie manchmal bis an die Zimmerdecke reichen, fällt das Antennenkabel dahinter gar nicht auf, wenn es in einem schmalen Installationsschacht verlegt ist.

Abb. 6.8 – Sehen Sie das Antennenkabel?

Abb. 6.9 – Das Koaxialkabel ist hinter dem Vorhang versteckt.

6.4 Neue Antennenkabel nahezu unsichtbar verlegen

Alte Kaminschächte nutzen

Die Antennenkabel lassen sich mitunter auch direkt vom Dachboden in den Keller und von da aus ins Erdgeschoss führen, da in viele alte Häuser nicht genutzte Kaminschächte eingebaut sind. Sie waren beispielsweise für den Anschluss eines Kachelofens oder einer Zusatzheizung vorgesehen, die aber nie verwirklicht wurden. Da diese Schächte meist bis in den Keller reichen, bieten sie sich als Ort an, um die Antennenkabel unsichtbar und problemlos zu verlegen. Dabei verläuft das Kabel zuerst vom Dachboden in den Keller und von dort über ein zu bohrendes Loch ins Erdgeschoss. Sofern man den Keller als Lagerraum oder Werkstätte nutzt, dürfte es kein großes Problem sein, dort die Antennenkabel zu verlegen. Sie sollten deshalb das Loch an der Stelle im Keller bohren, von wo aus Sie das Kabel direkt in den gewünschten Wohnraum verlegen können. Im Keller stören die verlegten Kabel meist nicht, weil dort ohnehin die Aufputz-Elektroinstallation die Regel ist. Wählen Sie diese Lösung, brauchen Sie allerdings sehr lange Antennenkabel. Sie sollten sich deshalb für qualitativ hochwertige Koaxialkabel entscheiden, um den Signalpegel der Satellitenprogramme möglichst wenig zu dämpfen. Woran Sie gute Antennenkabel erkennen, darüber informiert das Kapitel *Satellitenanlage richtig verkabeln* im Unterkapitel *Antennenkabel*.

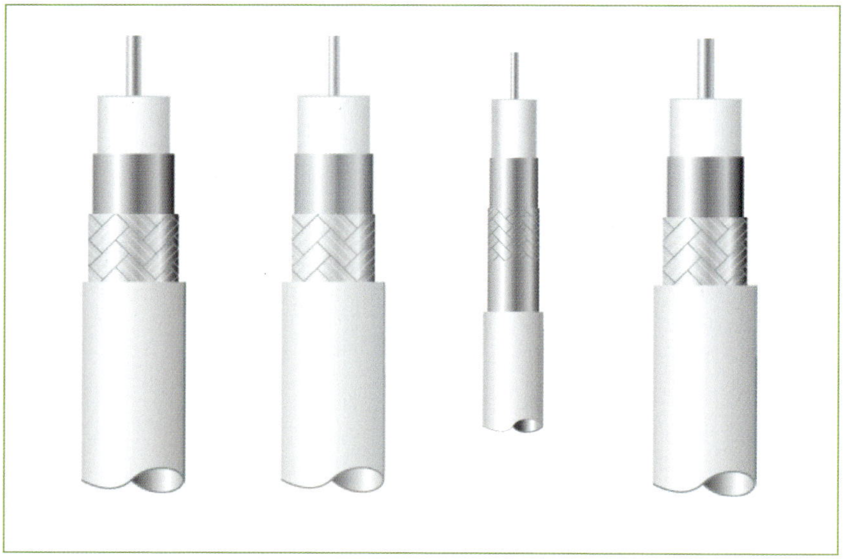

Abb. 6.10 – Schnittzeichnungen der Antennenkabel KOKA 220, KOKA 702, KOKA 7539 und KOKA 799, alle von Hirschmann. Das Beispiel soll zeigen, dass Antennenkabel meist sehr ähnlich aussehen. Die Unterschiede liegen im Detail. Und die erkennt man oft erst in den Datenblättern.

6.5 Fernsehprogramme im Haus verteilen

Wie bei Neubauten brauchen Sie beim Altbau einen Punkt, von dem Sie die Fernsehprogramme über Antennenkabel an die einzelnen angeschlossenen Receiver weiterleiten. Wo dieser Punkt liegt, hängt von der Montage der Satellitenschüssel ab. Ist er auf dem Dach montiert, kommt der Dachboden infrage. Hängt die Antenne an der Wand, ist der Keller als Verteilpunkt zu empfehlen. Bei älteren Einfamilienhäusern ist meist auf dem Dachboden oder im Keller bereits eine Sternverteilung realisiert: Am Verteilpunkt ist eine Antennenweiche montiert, die zwei oder drei angeschlossene Fernseher mit Programmen versorgt. An dieser Stelle lässt sich problemlos ein Multischalter befestigen, um eine Mehrteilnehmer-Satellitenanlage zu realisieren. In seine Ausgänge stecken Sie die Antennenkabel, die von den Receivern kommen. An jeden Sat-Zf-Ausgang lässt sich dabei ein Receiver anschließen. Wie man den Multischalter mit dem LNB verbindet, erläutert im Abschnitt *Satellitenanlage richtig verkabeln* das Kapitel *Mehrteilnehmer-Anlage mit Multischalter verkabeln*. Möchten Sie neben den Satellitenprogrammen auch das digitale Antennenfernsehen DVB-T oder das analoge UKW-Radio im Haus verteilen, brauchen Sie einen Multischalter mit terrestrischer Durchschleifmöglichkeit und eine Sat-Anschlussdose. Gleiches gilt, wenn Sie zusätzlich das digitale Radio DAB empfangen möchten. Das Kapitel *Satellitenanlage richtig verkabeln* beschreibt im Unterkapitel *Antennensteckdose verteilt Satelliten- und Antennen-Programme*, wie beim Anschließen beider Komponenten vorzugehen ist.

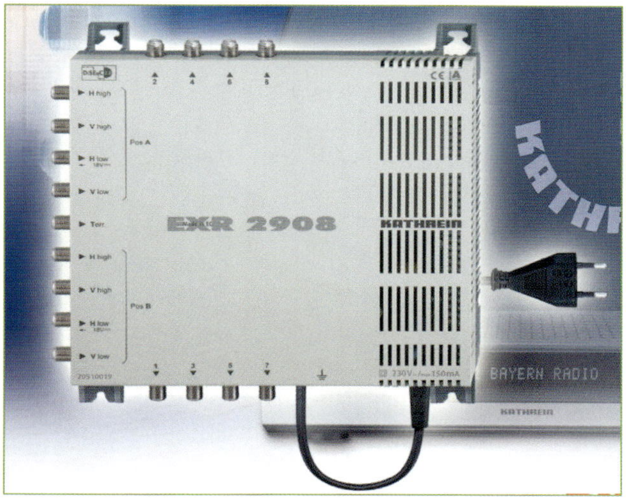

Abb. 6.11 – Für größere Satellitenanlagen empfehlen sich Multischalter. Sie sind meist erweiterbar und können so für später zusätzlich benötigte Anschlüsse hochgerüstet werden. (Bild: Kathrein)

6.6 Tipps zum unauffälligen Aufbau des Satellitenspiegels

Wer die Satellitenantenne möglichst unauffällig aufbauen möchte, kann vor allem bei älteren Gebäuden auf einige Tricks zurückgreifen. Beispielsweise lässt sie sich nahezu unsichtbar zwischen Büschen im Garten aufbauen. Einzige Voraussetzung ist die freie Sicht zum Satelliten. Selbst auf dem Dach und an der Hauswand können Sie die Satellitenantenne unauffällig montieren. Namhafte Hersteller haben dafür Schüsseln in mehreren Farben im Programm. Mit etwas Glück lässt sich für die Dachmontage eine Antenne mit der Farbe der Dachziegel auswählen. Möchten Sie dagegen die Antenne an der Hauswand befestigen, ist eine ähnliche Farbe wie die der Hauswand zu empfehlen. Bei der Dachmontage ist die Satellitenschüssel außerdem so tief zu montieren, dass sie an keiner Stelle über die Dachoberkante hinausragt. Allein dadurch fällt sie an der Straße vorbeigehenden Passanten nur bei genauem Hinsehen auf. Der Parabolspiegel lässt sich zudem unauffällig an der Hinterseite des Daches aufbauen. Dabei ist jedoch darauf zu achten, dass die gesamte Reflektorfläche ungehinderte Sicht zum Satelliten hat. Nur dann kann sie die Satellitensignale mit voller Kraft zum Brennpunkt der Antenne leiten, wo sie der LNB aufnimmt. Man kann sich vergewissern, indem man sich eine Linie von der Unterkante des Reflektors zum Dachgiebel denkt. Dieser Winkel muss kleiner oder gleich dem Winkel sein, mit dem die Satellitenantenne zum Himmel schaut. In Süddeutschland steht der Astra-Satellit rund 34 Grad über dem Horizont, rund 27 Grad sind es im hohen Norden Deutschlands.

Als unauffällige Satellitenschüssel sollten Sie übrigens keine feinmaschige Gitterantenne verwenden. Sie ist zwar weitgehend „unsichtbar", empfängt aber schlechter als ein gleichgroßer solider Satellitenspiegel und ist meist schlechter verarbeitet. Woran Sie eine gute Satellitenantenne erkennen beschreibt das Kapitel *Antennen-Tipps für optimalen Empfang* im Unterkapitel *Auf Verarbeitungsqualität der Antenne achten*.

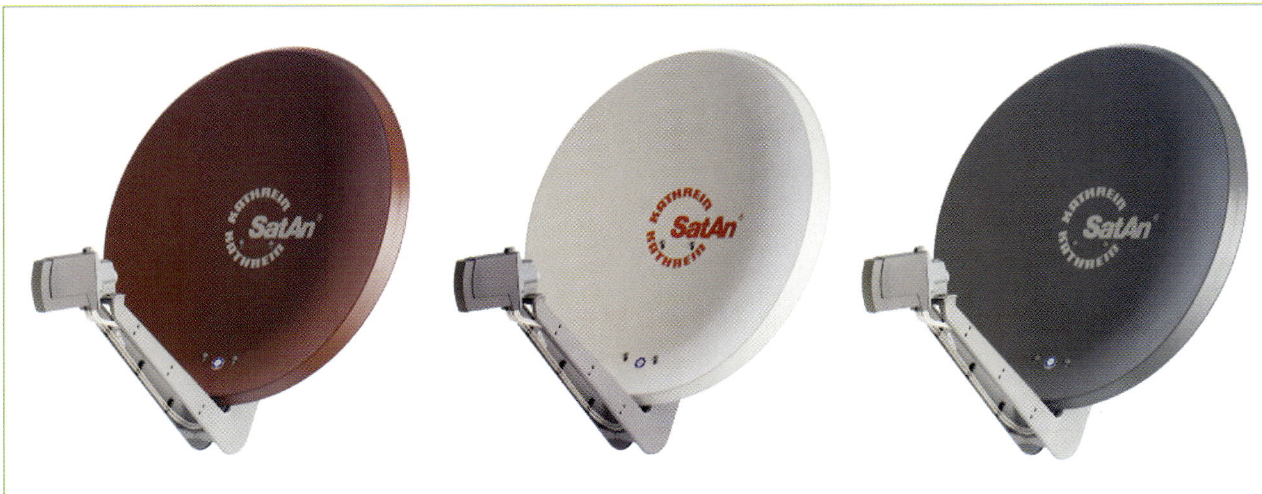

Abb. 6.12 – Satellitenspiegel gibt es in mehreren Farben, die eine unauffällige Montage an der Hauswand oder auf dem Dach erlauben. (Bild: Kathrein)

7 Satellitenanlage richtig verkabeln

Wenn Sie die Satellitenantenne im Alt- oder Neubau erfolgreich aufgebaut haben, kann es ans Verlegen der Antennenkabel und Anschließen der Satellitenkomponenten gehen. Zu unterscheiden sind dabei einfache Satellitenanlagen ohne separaten Multischalter und jene, die einen externen Multischalter benötigen. Zu den ersten gehören Einteilnehmer-Anlagen und Anlagen mit einem Quad-LNB im Satellitenspiegel. Bevor es allerdings mit dem Verkabeln losgeht, lohnt sich ein Blick auf die Antennenkabel, die in sehr unterschiedlichen Qualitäten am Markt zu haben sind. Denn die Antenne kann noch so aufgebaut sein, wenn die Kabel das Fernsehsignal zu stark dämpfen, können sie das Fernsehvergnügen verleiden.

7.1 Antennenkabel

Antennenkabel heißen auch Koaxialkabel und sehen auf den ersten Blick alle gleich aus. Sie haben einen weißen Mantel, ein metallisches Schirmgeflecht und einen Innenleiter. Ihr Widerstand, die sogenannte Impedanz, liegt bei 75 Ohm. Trotzdem unterscheiden sie sich qualitativ enorm. Damit Sie ein einwandfreies Fernsehbild haben, ist ein gutes Antennenkabel anzuraten. Selbst wenn dieses deutlich mehr kostet als ein vermeintliches Schnäppchen aus dem Baumarkt, rechnet es sich, weil es über viele Jahre einen zuverlässigen Empfang garantiert.

Woran Sie gute Koaxialkabel erkennen

Gute Antennenkabel erkennen Sie an einer ausgeprägten metallischen Schirmung, am Durchmesser, der möglichst groß sein sollte und an einem dicken Innenleiter. Die metallische Schirmung ist erforderlich, um ein gestörtes Fernsehbild durch andere Funkanwendungen zu vermeiden. Hierzu gehören schnurlose Telefone, Handys oder funkgesteuerte Garagentore. Schirmt das Kabel nur unzureichend, nimmt es Funksignale von diesen Geräten auf und leitet sie zum Sat-Receiver. Die auftretenden Störungen können so stark sein, dass sie den Empfang verschiedener analoger und digitaler Programme unmöglich machen. Davon war beispielsweise über viele Jahre der ProSiebenSat1-Kanal auf Astra 19,2 Grad Ost betroffen, der deshalb die Übertragungsfrequenz wechselte. Seitdem sind die Programme einwandfrei zu empfangen. Allerdings doch keine volle Entwarnung – denn der elektromagnetische Störnebel nimmt mehr und mehr zu, weil immer mehr funkbasierte Anwendungen im Haushalt anzutreffen sind: egal, ob funkgesteuerte Lichtschalter, Funkkopfhörer oder das funkgesteuerte Garagentor. Je mehr Funkanwendungen Sie im Haus betreiben, umso mehr sollten Sie auf qualitativ hochwertige Antennenkabel mit einer guten Schirmung achten – und diese ist zumindest „doppelt" ausgeführt: Neben einem Drahtgeflecht muss eine Aluminium- oder Kupfer-Folie erkennbar sein. Verschiedene Kabel besitzen sogar mehrere Schichten von Drahtgeflechten und beschichteten Folien. Qualitativ hochwertige Antennenkabel schirmen allerdings nicht nur das Fernsehsignal vor unerwünschten Einstrahlungen, sondern dämpfen den Signalpegel auch deutlich weniger. Ob diese Kabelverluste niedrig oder hoch sind, erkennen Sie am Durchmesser der Kabel: Dünne Antennenkabel mit einem Durchmesser von rund 5 mm dämpfen den Signalpegel des Fernsehprogramms deutlich mehr als dicke Kabel mit einem Durchmesser von rund 7 mm. Diese besitzen einen dickeren Innenleiter und eine dickere Kunststoffschicht zwischen Innenleiter und metallischer Schirmung. Beides verbessert die Leitfähigkeit und verringert so die Signalverluste.

Abb. 7.1 – Das qualitativ hochwertige Antennenkabel LCD 111 von Kathrein ist dreifach geschirmt. (Bild: Kathrein)

Kabelverluste ermitteln

Der Signalpegel zwischen LNB und Satellitenreceiver ist nicht nur von der Qualität des verwendeten Koaxialkabels abhängig, sondern auch von Frequenz und verwendeter Kabellänge. Je höher die Frequenz und je länger das Kabel sind, desto mehr schwächen hohe Kabelverluste das Fernsehsignal ab. Tabelle 2 informiert darüber, welche Kabeltypen den Signalpegel in Abhängigkeit von der Frequenz wie stark dämpfen. Die Kabeldämpfung gibt die Tabelle in Dezibel (dB) pro 100 m Kabellänge an. Wollen Sie die Dämpfung bei einer Kabellänge von zum Beispiel 50 m erfahren, müssen Sie die dB-Angaben durch zwei teilen. Nur, was sagen diese dB-Angaben in der Praxis aus? Dazu ein Beispiel: Wenn das dicke 6,8-mm-Kabel 3 dB weniger dämpft als das dünne 5-mm-Kabel, bedeutet das, dass die Verluste auf der Frequenz von 100 MHz nur halb so hoch ausfallen. Ein anderes Beispiel: Weil das dünne Kabel bei 450 MHz 6 dB mehr dämpft als das dicke, dämpft es 4-mal so stark wie das dicke Kabel. Auf höheren Frequenzen, auf denen die meisten Fernsehprogramme übertragen werden, fallen die Unterschiede noch gravierender aus. Wie wichtig gute Kabel sind, zeigen auch die zu verlegenden Längen: Über 50 m können erforderlich sein, wenn die Satellitenantenne mehrere Haushalte mit Fernsehen aus dem All versorgen soll. Selbst eine übliche Mehrteilnehmer-Satellitenanlage im Einfamilienhaus benötigt zwischen LNB und Sat-Receivern meist zwischen 30 und 40 m lange Koaxialkabel.

Vergleich verschiedener Antennenkabel

LCD 89	LCD 111	
Außendurchmesser:	5 mm	6,8 mm
Durchmesser Mittelleiter:	0,75 mm	1,13 mm
Kupferanteil pro 1 km:	13 kg	23 kg
Schirmung bei 1.000 MHz bis 2.400 MHz:	>90 dB	>105 dB
		Quelle: Kathrein-Katalog 2007

Dämpfungswerte verschiedener Koaxialkabel

Frequenz	LCD 89	LCD 111
50 MHz	6 dB/100m	4 dB/100m
100 MHz	9 dB/100m	6 dB/100m
200 MHz	12 dB/100m	8 dB/100m
450 MHz	18 dB/100m	12 dB/100m
800 MHz	24 dB/100m	17 dB/100m
1.000 MHz	28 dB/100m	19 dB/100m
1.350 MHz	33 dB/100m	23 dB/100m
1.750 MHz	38 dB/100m	26 dB/100m
2.050 MHz	42 dB/100m	29 dB/100m
		Quelle: Kathrein-Katalog 2007

Altes Antennenkabel dämpft Fernsehsignal deutlich mehr als neues

Die in Tabelle 2 angegebenen Dämpfungswerte von Koaxialkabeln sind nicht konstant, sondern verschlechtern sich mit der Zeit. Sie können innerhalb von zehn Jahren um deutlich mehr als 10 Prozent steigen – mit der Folge, dass Antennenkabel nach rund 20 Jahren ziemlich „taub" werden. Das macht sich vor allem negativ bemerkbar, wenn Sie neben dem Satelliten-TV auch das digitale Antennenfernsehen DVB-T sehen möchten. Beim digitalen Satellitenempfang bleibt das schlechter gewordene Kabel dagegen lange Zeit unbemerkt. So lange der Signalpegel am Sat-Receiver nicht unter eine bestimmte Schwelle fällt, ist der Empfang einwandfrei. Empfangsstörungen durch alte Koaxialkabel treten deshalb meist relativ plötzlich auf. Zu Beginn sind dabei nur einige Satellitenprogramme betroffen. Bereits wenige Monate später kann der Bildschirm komplett dunkel bleiben, so dass man das Antennenkabel auswechseln muss. Erfahrungen haben

7.1 Antennenkabel

gezeigt, dass Koaxialkabel, die zwischen 1980 und 1985 verlegt wurden, ihren Dienst komplett versagen können.

Koaxialkabel richtig verlegen

Antennenkabel sollten Sie im Haus auch über mehrere Stockwerke durch Elektroinstallationsschläuche ziehen, um sie so einfach und nahezu unsichtbar verlegen zu können. Selbstverständlich kommen auch Installationsrohre aus Kunststoff infrage. Im Rohbau lassen sich die Schläuche oder Rohre bequem befestigen und unter Putz einziehen. Was dabei zu beachten ist, erläutert das Kapitel *Satellitenanlage im Neubau installieren* im Unterkapitel *Beim Hausbau an Satellitenanlage denken*. Liegen im Installationsschlauch schon andere Kabel, lässt sich ein zusätzliches nicht ohne Weiteres einziehen. Damit das trotzdem klappt, sollte man den Mittelleiter an eine Einzugsfeder klemmen und durch die Installationsrohre ziehen. Da Kabel beim Einziehen unter Zug manchmal sehr stark belastet werden, kommt es immer wieder vor, dass der Mittelleiter reißt. Meist geschieht dies an der Stelle, wo das Kabel an der Feder befestigt wurde – aber nicht immer: Ist der Mittelleiter irgendwo in der Kabelmitte beschädigt worden, erkennt man das mitunter erst, wenn der Receiver keine Fernsehbilder empfängt. Dann bleibt nur, das Kabel herauszuziehen und gegen ein neues, hochwertigeres auszutauschen.

Fehlen Installationsrohre und möchten Sie nachträglich keine verlegen, können Sie die Antennenkabel auch mit Schellen an den Wänden befestigen. Vor allem in Ecken fallen sie nicht übermäßig auf. Da lange Koaxialkabel den Signalpegel deutlich mehr dämpfen als kurze, sollten Sie beim Verlegen der Kabel auf möglichst kurze Wege achten. Bei alten Gebäuden können Sie die Antennenkabel auch durch nicht mehr genutzte Kaminschächte verlegen und so im Haus verteilen.

Abb. 7.2 – Montierte Elektroinstallationsrohre auf dem Dachboden, durch die Sie die Antennenkabel verlegen können.

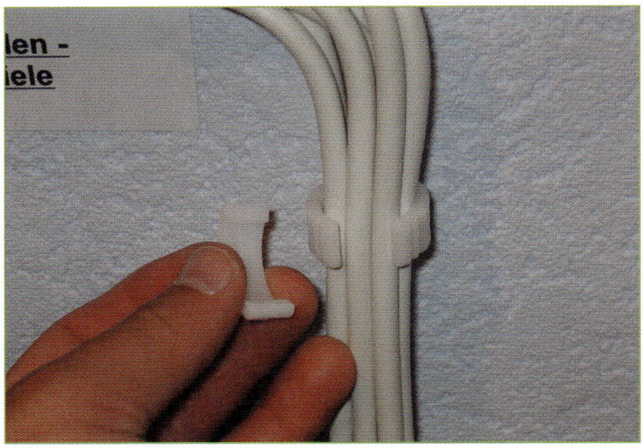

Abb. 7.3 – Stehen im Haus keine Elektroinstallationsrohre zur Verfügung, können Sie die Antennenkabel mit Schellen an Wänden befestigen, um sie in die einzelnen Wohnräume zu verteilen.

Der Abschnitt *Satellitenanlagen in Altbauten installieren* informiert im Kapitel *Neue Antennenkabel nahezu unsichtbar verlegen* unter der Überschrift *Alte Kaminschächte nutzen,* wie man dabei vorgeht.

7.2 F-Stecker am Antennenkabel fachgerecht montieren

Damit Sie die unterschiedlichen Satellitenkomponenten mit Antennenkabeln untereinander verbinden können, brauchen Sie passende Stecker. In der Satellitentechnik sind für Antennenkabel Stecker und Buchsen in der F-Norm üblich. F-Stecker besitzen eine Metallhülse mit Innengewinde, die sich auf das Koaxialkabel drehen lässt. Da durch das Antennenkabel neben den Satellitensignalen zum Receiver auch mehrere Steuersignale zum LNB transportiert werden, ist die sorgsame Montage aller F-Stecker wichtig. Gut montierte F-Stecker sind die Voraussetzung für das reibungslose Funktionieren der gesamten Satellitenanlage. Das Buch beschreibt deshalb im Folgenden ausführlich die einzelnen Montageschritte.

Nach Bild 7.4 ist zuerst die weiße äußere Kunststoffisolierung des Antennenkabels auf einer Länge von 10 mm zu entfernen. Dazu schneidet man behutsam mit einem Messer mit flacher Klinge nur so weit in den Kunststoffmantel, dass das darunter liegende metallische Schirmgeflecht nicht beschädigt wird. Alternativ zum Messer können Sie den Kabelmantel auch mit einem Seitenschneider entfernen. Danach schieben Sie nach Bild 7.5 das metallische Schirmgeflecht nach hinten und schneiden mit einem Elektronik-Seitenschneider die Aluminiumfolie ab. Eine kleine Schere eignet sich dafür nicht so gut, sie tut zur Not aber auch ihren Dienst. Jetzt entfernen Sie mit einer Abisolierzange den Kunststoffmantel auf einer Länge von 7 mm bis 8 mm, die den Innenleiter umhüllt (Bild 7.6). Techniker nennen diesen inneren Kunststoffmantel Dielektrikum. Als alternative Werkzeuge kommen auch ein Messer oder ein Seitenschneider infrage. Dabei ist darauf zu achten, dass Sie den Mittelleiter nicht anschneiden und dadurch beschädigen, was den Signalpegel unnötig dämpft.

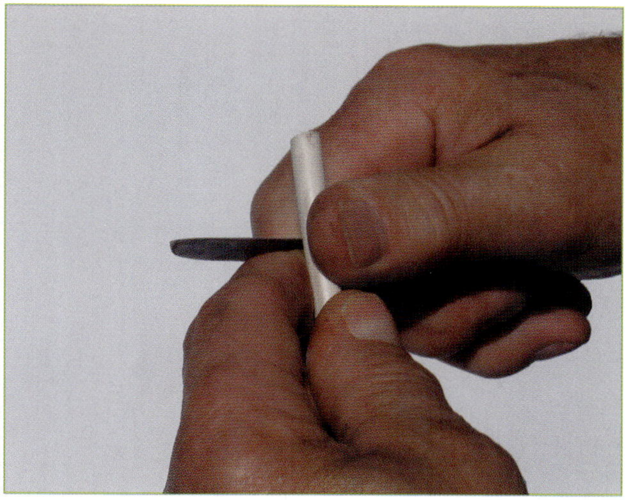

Abb. 7.4 – Koaxialkabel sind mehrschichtig aufgebaut. Zuerst ist auf einer Länge von rund 10 mm der äußere Kunststoffmantel zu entfernen.

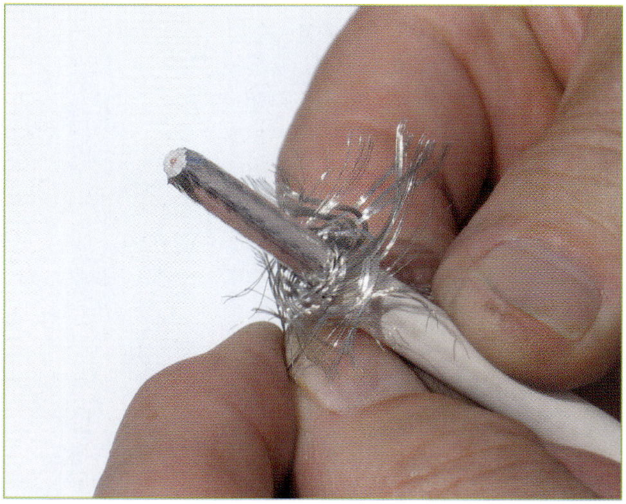

Abb. 7.5 – Das metallische Schirmgeflecht ist fein säuberlich nach hinten zu schieben.

7.2 F-Stecker am Antennenkabel fachgerecht montieren

Ist das Dielektrikum entfernt, sollten Sie überprüfen, ob tatsächlich alle Litzen des Drahtgeflechts nach hinten gestülpt wurden. Berührt nur eine einzige Litze der metallischen Schirmung den Innenleiter, ergibt das einen Kurzschluss, so dass die Satellitenanlage nicht funktioniert. Ist alles OK, ist das Antennenkabel für die Montage des F-Steckers vorbereitet (Bild 7.7). Da es diese Stecker mit verschiedenen Innendurchmessern gibt, ist das zum Antennenkabel passende Modell auszuwählen. F-Stecker bestehen aus einem festen und drehbaren Teil. Rund drei Viertel der Gesamtlänge sind mit einem Innengewinde versehen, das Sie auf das Kabel drehen (Bild 7.8). Die Übergangsstelle zum drehbaren, vorderen Teil besitzt eine relativ kleine Öffnung, durch die Sie den Innenleiter des Antennenkabels stecken. Der Stecker ist dabei so weit auf das Kabel zu drehen, bis das vordere Ende des Dielektrikums bündig mit der Kante der Durchlassöffnung abschließt. So ist gewährleistet, dass der Mittelleiter keine leitende Verbindung zum Steckergehäuse eingeht. Vor allem qualitativ hochwertige Koaxialkabel mit großem Durchmesser, mehrfacher Schirmung und einem dicken Innenleiter lassen sich manchmal nur schwer mit der Hand auf das Kabel drehen.

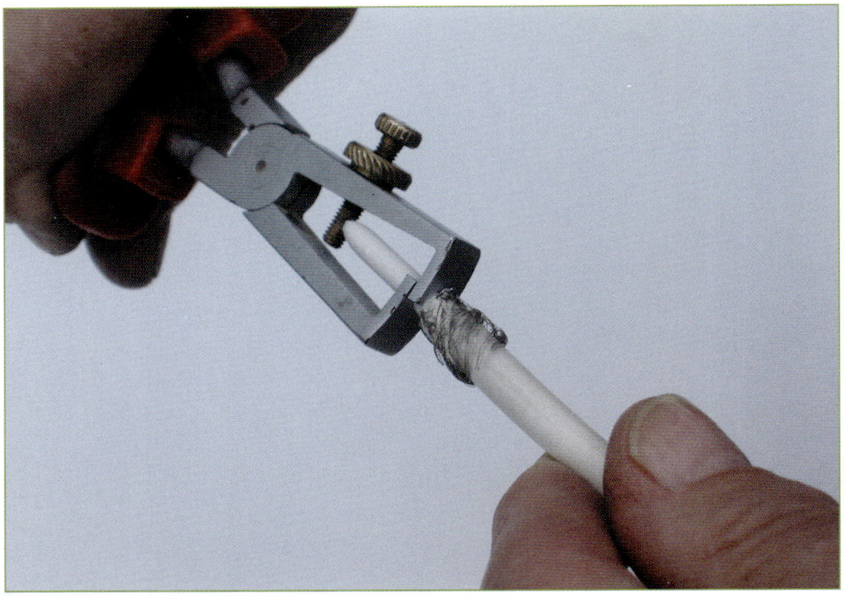

Abb. 7.6 – Der Kunststoffmantel des Mittelleiters lässt sich bequem mit einer Abisolierzange auf einer Länge von 7 mm bis 8 mm abziehen.

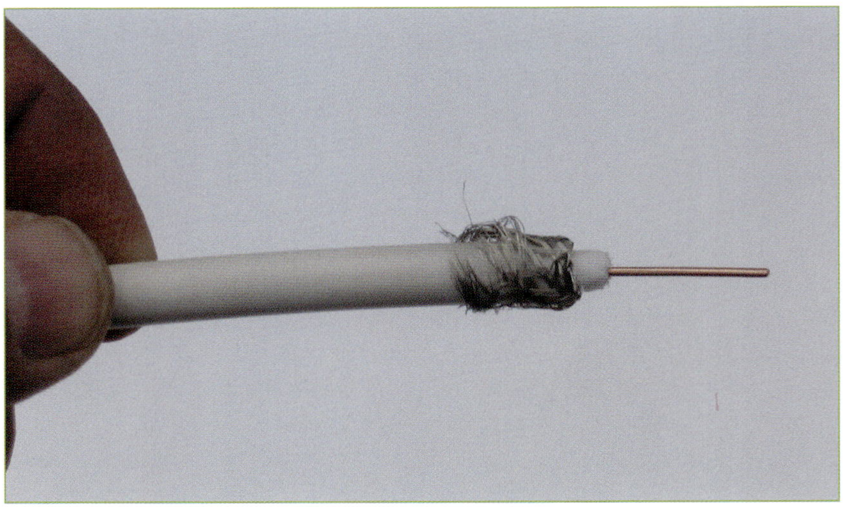

Abb. 7.7 – Das Antennenkabel ist für den F-Stecker vorbereitet.

7.2 F-Stecker am Antennenkabel fachgerecht montieren

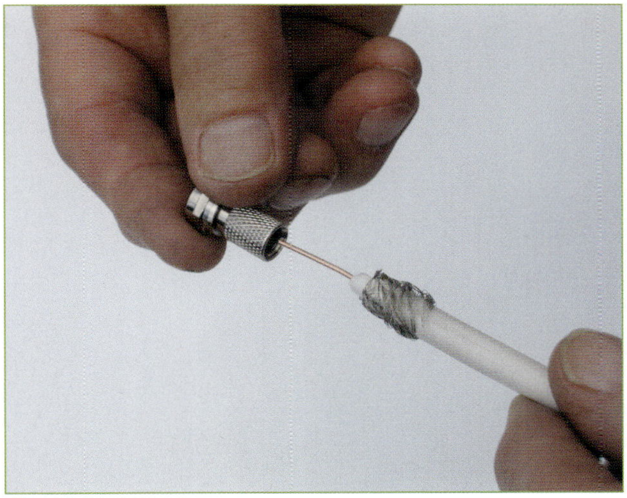

Abb. 7.8 – Der F-Stecker lässt sich bei dünneren Koaxialkabeln per Hand aufdrehen.

Eine Kombizange nach Bild 7.9 leistet deshalb wertvolle Dienste – denn nur festsitzende Kabelstecker funktionieren viele Jahre einwandfrei. Es macht deshalb keinen Sinn, einen 7-mm-Stecker auf ein 5 mm dickes Antennenkabel aufzudrehen. Damit produziert man potenzielle Fehlerquellen für die Zukunft, die die Satellitenanlage störanfällig machen.

Zuletzt stutzen Sie den Mittelleiter mit einer Kneifzange auf die Ideallänge (Bild 7.10). Man sollte ihn dabei rund 1 mm bis maximal 2 mm über die Steckerkante hinausragen lassen. Das erleichtert später das Anschließen des Antennenkabels an die F-Buchsen der diversen Satellitengeräte. Die Sichtkontrolle auf den fertig montierten Stecker gibt Gewissheit, ob der F-Stecker tatsächlich fachgerecht angeschraubt ist. Es darf nach Bild 7.11 keine Litze des Drahtgeflechts erkennbar sein.

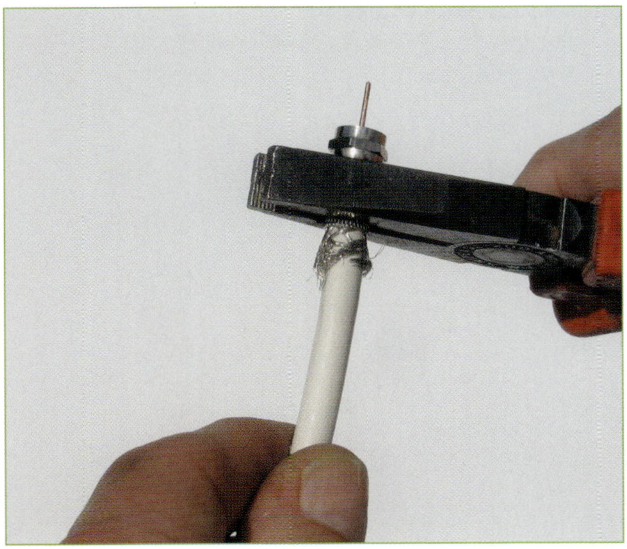

Abb. 7.9 – Eine Kombizange hilft, qualitativ hochwertige, dicke Kabel auf den F-Stecker zu drehen – denn nur festsitzende Kabelstecker funktionieren auf Dauer einwandfrei.

Abb. 7.10 – Zuletzt stutzen Sie den Innenleiter des Koaxialkabels auf die erforderliche Länge, die rund 1 mm bis 2 mm über der Steckerkante liegen sollte.

7.2 F-Stecker am Antennenkabel fachgerecht montieren

Wenn Sie sich für ein neues Koaxialkabel entschieden und die F-Stecker fachgerecht montiert haben, können Sie Ihre Satellitenanlage verkabeln und so betriebsbereit machen.

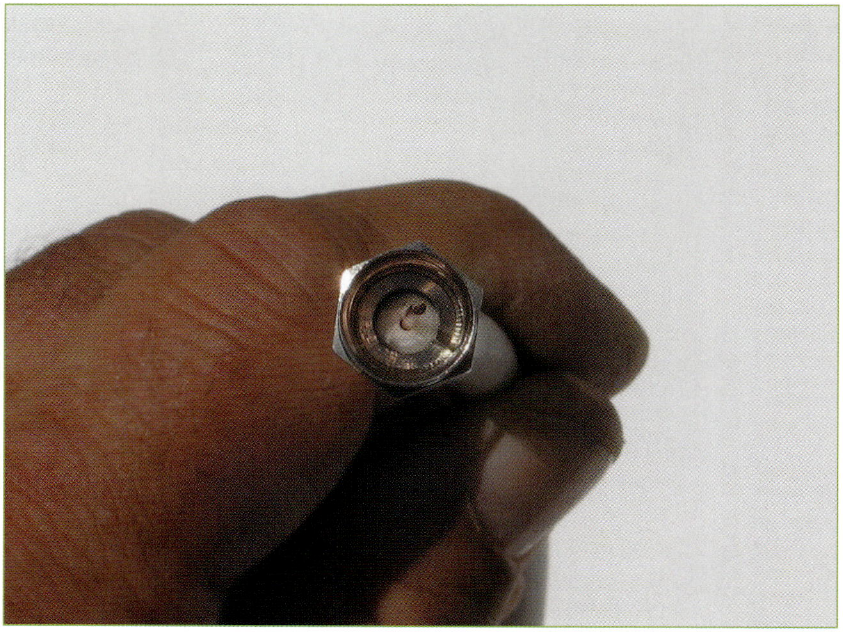

Abb. 7.11 – Die Sichtkontrolle zeigt, dass keine Litze des metallischen Kabelschirms mit dem Innenleiter leitend verbunden ist. Der F-Stecker ist damit fachgerecht montiert.

7.3 Einteilnehmer-Anlage oder Mehrteilnehmer-Anlage mit Quad-LNB anschließen

Bei Einteilnehmer-Anlagen mit einem Single- oder Twin-LNB kann man das Koaxialkabel vom Digitalreceiver mit angeschraubtem F-Stecker direkt in die Antennenbuchse des LNB stecken. Auch wenn Sie eine Mehrteilnehmer-Anlage mit einem Quad-LNB aufbauen möchten, in den ein Multischalter eingebaut ist, können Sie die Antennenkabel direkt zu den Receivern verlegen – es sei denn, Sie nutzen einen Quad-LNB, der Programme der alten Dachantenne durchschleift. Dann brauchen Sie zusätzlich eine Sat-Anschlussdose. Wie diese zu verkabeln ist, beschreibt das übernächste Kapitel *Antennensteckdose verteilt Satelliten- und Antennen-Programme*.

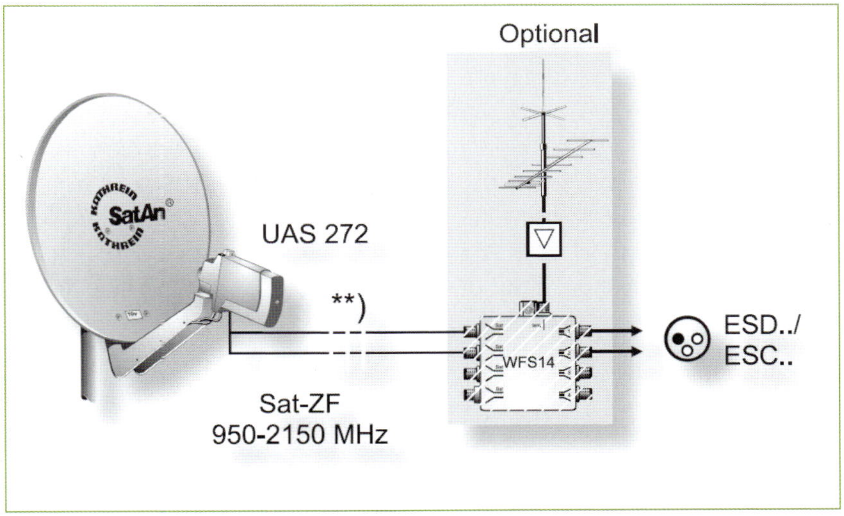

Abb. 7.12 – Verdrahtungsbeispiel für eine Zweiteilnehmer-Anlage. Sie brauchen Sie etwa, wenn Sie an die Schüssel einen Festplatten-Receiver mit Doppeltuner anschließen möchten. (Bild: Kathrein)

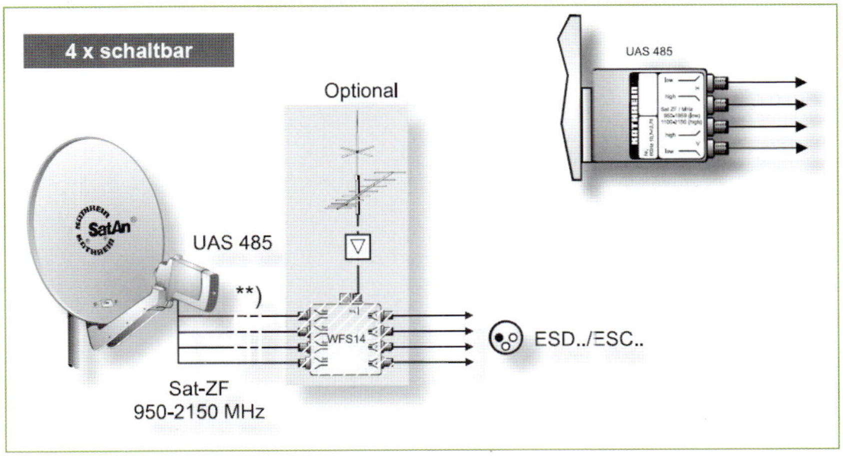

Abb. 7.13 – Verdrahtungsschema für eine 4-Teilnehmer-Anlage mit Quad-LNB. Optional können auch terrestrische Antennensignale eingeschliffen werden. (Bild: Kathrein)

7.4 Mehrteilnehmer-Anlage mit Multischalter verkabeln

Frequenzbereich	Abkürzung
unteres Ku-Band horizontal	HU
unteres Ku-Band vertikal	VU
oberes Ku-Band horizontal	HO
oberes Ku-Band vertikal	VO

Solange Sie eine kleinere Satellitenanlage mit einem Single-, Twin- oder Quad-LNB realisieren möchten, ist die Verkabelung keine große Herausforderung. Anders jedoch, wenn größere Mehrteilnehmer-Anlagen mit separatem Multischalter aufzubauen sind. Sie unterscheiden sich grundlegend von einfachen Satellitenanlagen, da ein Quattro-LNB mit vier definierten Ausgängen eingesetzt wird. Jede Buchse gibt dabei unterschiedliche Satellitenfrequenzen aus. Je eine ist für das untere Ku-Band horizontal, das untere Ku-Band vertikal sowie das obere Ku-Band horizontal und das obere Ku-Band vertikal vorgesehen. Klingt zunächst verwirrend, ist es aber nicht, da jeder LNB-Ausgang eindeutig beschriftet ist. Vom Quattro-LNB sind vier Antennenkabel zum Multischalter zu verlegen, an den Sie die Satellitenreceiver über Antennenkabel anschließen können. Bei dieser Kabelführung verteilen sich die Antennenkabel vom Multischalter sternförmig in alle Räume des Hauses, in denen Sie einen Satellitenreceiver betreiben möchten. Man spricht auch von der Sternverteilung. Bei einer Dachantenne sollte der Multischalter unter Dach montiert sein. Ist die Sateliten-antenne an der Wand befestigt, kann als Montage-Ort auch der Keller interessant sein – Hauptsache, der Schalter ist wetterfest im Gebäude montiert.

Bevor Sie die Koaxialkabel zwischen LNB und Multischalter verlegen, sind allerdings die Beschriftungen der F-Eingangsbuchsen beider Geräte genau zu studieren. Da die Kabel vom LNB unterschiedliche Satellitenfrequenzen übertragen, ist es dem Multischalter nicht egal, in welche Buchsen man sie steckt. Die Buchsen am Multischalter sind ebenfalls eindeutig, aber meist anders als beim LNB beschriftet. Auch die Reihenfolge der Antennenkabelbuchsen stimmt kaum über-

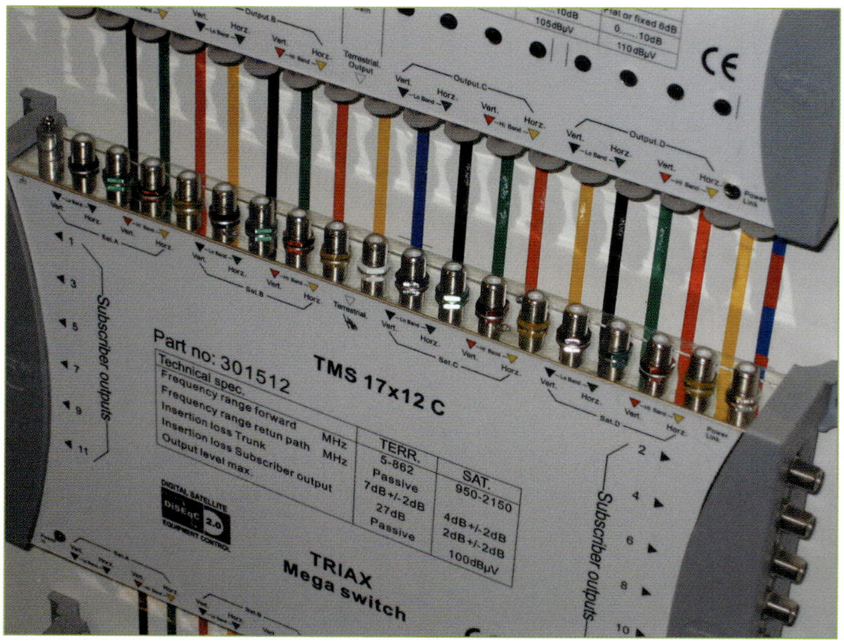

Abb. 7.14 – Große Multischalter können über vier LNBs bis zu vier Satellitenpositionen am Himmel empfangen und an angeschlossene Digitalreceiver weiterleiten.

ein. Damit es zu keinen Verwechslungen kommt, sollten Sie die Koaxialkabel einzeln und der Reihe nach verlegen sowie eindeutig an beiden Enden beschriften. Wie diese Beschriftung aussehen könnte, zeigt die nebenstehende Tabelle. Diese gibt in einer Abkürzung die Satellitenfrequenzen an, die das Antennenkabel zum Multischalter transportiert. H steht dabei für horizontal, V für vertikal, U für unteres Ku-Band und O für das obere Ku-Band.

Die Antennenkabel kann man rund 10 cm hinter ihren Enden beschriften. Am besten eignen sich dafür wasserfeste Filzschreiber. So ist sichergestellt, dass die Beschriftung auch nach der Montage der F-Stecker erhalten bleibt. Kugelschreiber verwischen dagegen auf dem Koaxialkabel leicht. Damit das Anschließen der Kabel problemlos klappt, sollte man außerdem eine Tabelle anfertigen, die über die Beschriftungen der zugehörigen Buchsen von LNB und Multischalter informiert.

Verschiedene Hersteller haben Multischalter im Programm, die den Anschluss von vier Satellitenreceivern erlauben. Da die Schalter mit Erweiterungsbausteinen kaskadierbar sind, können Sie beliebig viele Receiver daran betreiben. Sehr große Multischalter verarbeiten dabei Fernsehprogramme von bis zu vier Satellitenpositionen. Für jeden der vier erforderlichen LNBs ist eine F-Eingangsbuchse eingebaut. Diese Multischalter sind allerdings die Ausnahme. Meist können sie die Fernsehsignale von zwei Satellitenpositionen am Himmel an angeschlossene Digitalreceiver weiterleiten. Man erkennt diese Multischalter an acht Sat-Zf-Eingangsbuchsen. Um bei diesen Geräten die acht Antennenkabel richtig anzuschließen, sollte man die Kabel mit dem Satelliten beschriften, dessen Fernsehprogramme sie übertragen. Beispielsweise können Sie die Kabel für Astra mit einer „1" beschriften. Für Kabel, die die Programme vom zweiten Satelliten zum Multischalter übertragen, kommt eine „2" infrage. Um zu prüfen, ob der Multischalter funktioniert, sollten Sie zunächst nur die vier Koaxialkabel vom Astra-LNB in den Multischalter stecken und daran einen Satellitenreceiver anschließen. Funktioniert der Multischalter, sind von den acht Antennenkabeln bereits vier richtig

Abb. 7.15 – Eine Doppelfeed-Mehrteilnehmer-Anlage, die zwei Satellitenpositionen am Himmel empfängt, soll über einen externen Multischalter an die Digitalreceiver angeschlossen werden.

7.4 Mehrteilnehmer-Anlage mit Multischalter verkabeln

Abb. 7.16 – Arbeitsschritt 1: Mehrteilnehmer-Anlagen mit externem Multischalter brauchen einen Quattro-LNB mit vier definierten F-Ausgangsbuchsen, die unterschiedliche Satellitenfrequenzen ausgeben. In die Buchsen des ersten LNB stecken Sie die Antennenkabel.

angeschlossen. Jetzt können Sie auch den zweiten Quattro-LNB verkabeln. Wie der Satellitenspiegel einer Doppelfeed-Mehrteilnehmer-Anlage zu verdrahten ist, bei der die Satellitenantenne am Antennenmast auf dem Dach befestigt ist, zeigen die

Abb. 7.17 – Arbeitsschritt 2: Nachdem Sie die Antennenkabel am Astra-LNB angeschlossen haben, sind die Kabel am Satellitenspiegel so zu verlegen, dass Sie später die Schutzkappe auf den LNB setzen können.

Abb. 7.18 – Beim Verlegen der Antennenkabel ist auf große Radien zu achten. Man sollte sie nicht knicken, weil das die Kabelverluste erhöht und so unnötig den Signalpegel dämpft.

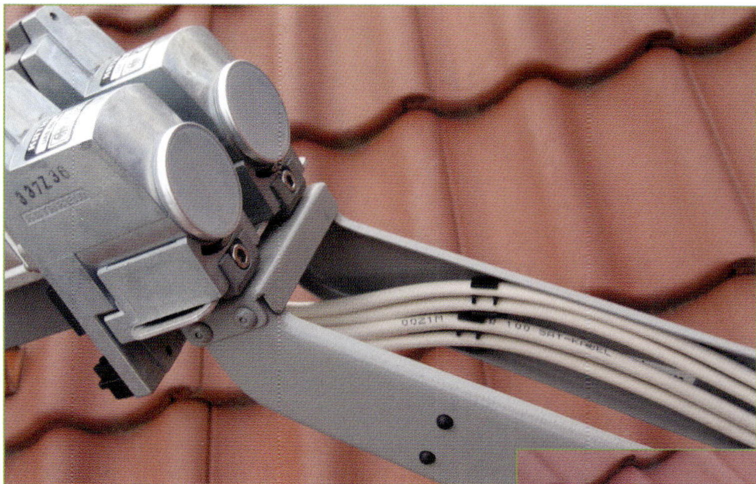

Abb. 7.19 – Häufig besitzen Satellitenantennen Vorrichtungen, an denen Sie die abgehenden Kabel befestigen können. Das verbessert Optik und Betriebssicherheit.

Bilder. Sinngemäß ist so auch bei jeder anderen Satellitenanlage vorzugehen, bei der Sie einen Multischalter verwenden – egal, ob Sie die Satellitenschüssel auf dem Hausdach oder an der Hauswand montiert haben.

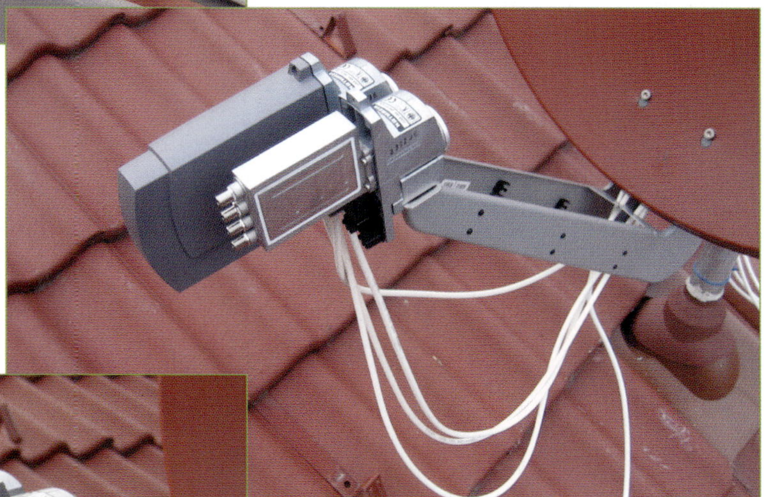

Abb. 7.20 – Arbeitsschritt 3: Jetzt setzen Sie das Gehäuse auf den ersten LNB.

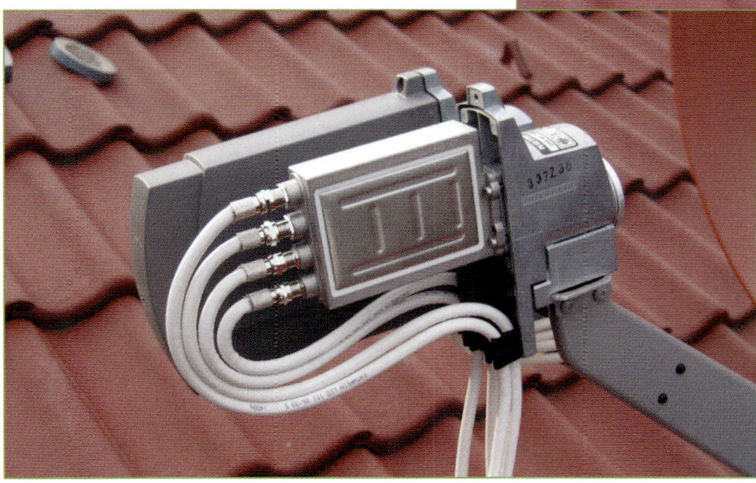

Abb. 7.21 – Arbeitsschritt 4: Nachdem Sie die vier Antennenkabel am Astra-LNB angeschlossen haben, kommt der zweite Quattro-LNB an die Reihe.

7.4 Mehrteilnehmer-Anlage mit Multischalter verkabeln

Abb. 7.22 – Arbeitsschritt 5: Die Antennenkabel sind an Satellitenspiegel und Antennenmast zu befestigen.

Abb. 7.23 – Arbeitsschritt 6: Überschüssige Kabellängen verlegen Sie über einen Lüftungsziegel auf den Dachboden.

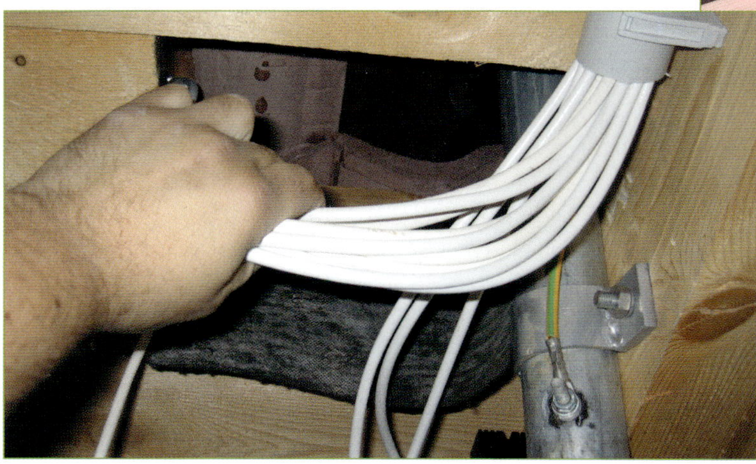

Abb. 7.24 – Arbeitsschritt 7: Auf dem Dachboden führen Sie die Koaxialkabel in unmittelbarer Nähe der Dachdurchführung in ein ausreichend großes Elektroinstallationsrohr (oben rechts in Bild 7.24), das Sie vorher zum Multischalter verlegt haben.

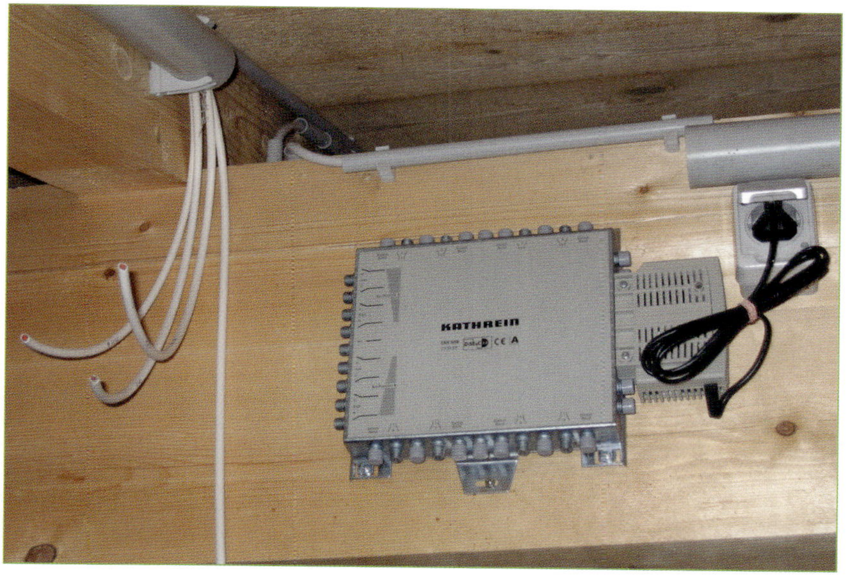

Abb. 7.25 – Das Elektroinstallationsrohr mit den eingezogenen Antennenkabeln begegnet dem Multischalter.

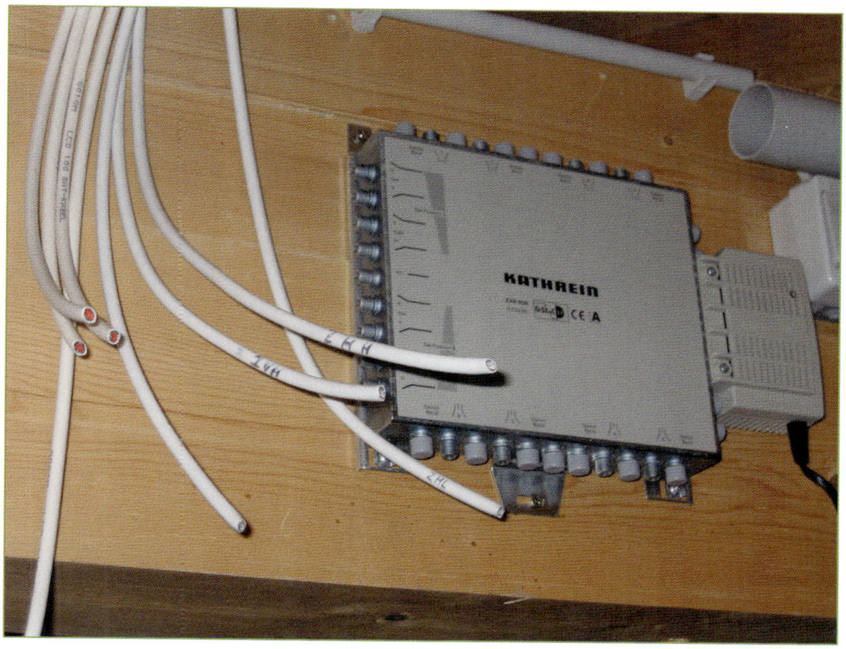

Abb. 7.26 – Arbeitsschritt 8: Die von der Antenne aus dem Installationsrohr kommenden Kabel sind eindeutig beschriftet. Damit wissen Sie, wo welche Antennenleitung am Multischalter anzuschließen ist. Zuvor montieren Sie die erforderlichen F-Stecker.

7.4 Mehrteilnehmer-Anlage mit Multischalter verkabeln

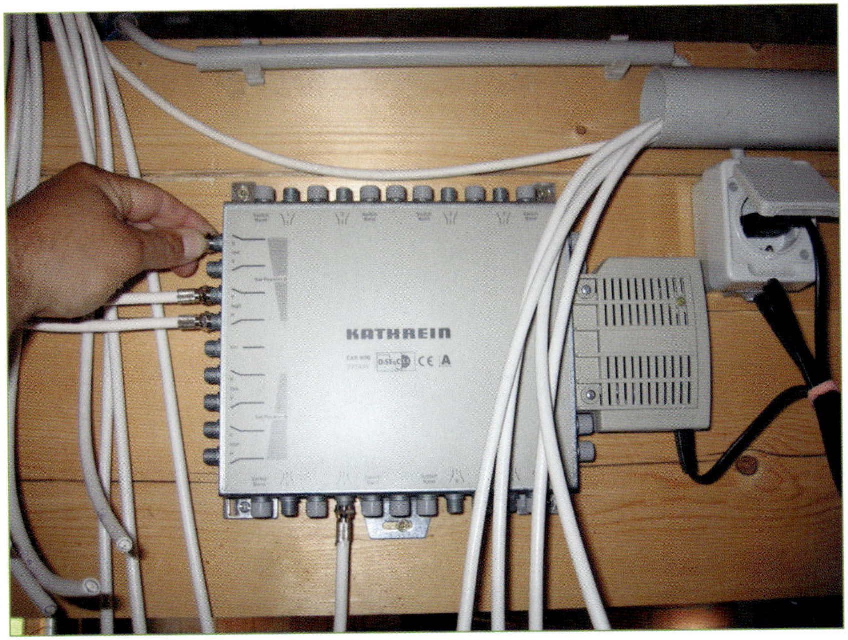

Abb. 7.27 – Arbeitsschritt 9: Sollten beim Anschließen Koaxialkabel vertauscht worden sein, lässt sich der Fehler mit wenigen Handgriffen am Multischalter beheben.

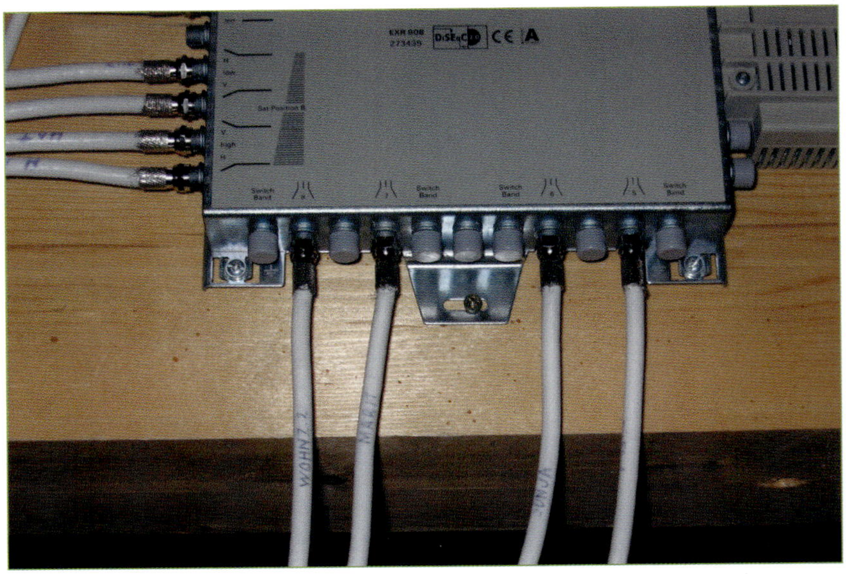

Abb. 7.28 – Arbeitsschritt 10: Auch die Antennenkabel, die Sie vom Multischalter zu den einzelnen Fernsehteilnehmern verlegen, sollten Sie beschriften. So wissen Sie auch später noch, wohin welches Koaxialkabel führt.

7.5 Antennensteckdose verteilt Satelliten- und Antennen-Programme

Wenn Sie neben Satelliten-TV auch das digitale Antennenfernsehen DVB-T und den UKW-Rundfunk nutzen möchten, brauchen Sie einen Multischalter oder einen Mehrteilnehmer-LNB mit terrestrischer Durchschleifmöglichkeit. Mit diesem Wortungetüm bezeichnen Techniker eine Buchse, die die TV- oder Radio-Programme von der alten Dachantenne aufnimmt und an jeden Sat-Zf-Ausgang weiterleitet. Damit stehen an jedem Ausgang des Multischalters oder des Mehrteilnehmer-LNB nicht nur das Satelliten-TV, sondern auch alle Antennenprogramme bereit. Sie brauchen außerdem eine Antennensteckdose. Man spricht auch von der Sat-Anschlussdose, in die drei Buchsen für TV, UKW und Satellit eingebaut sind. Mit ihrer Hilfe lassen sich die Dachantennen- und Satelliten-Programme über ein einziges Antennenkabel zum Fernsehzuschauer transportieren. In die F-Buchse der Antennendose, die am Schraubgewinde zu erkennen ist, ist das Antennenkabel zu stecken, das vom Satellitenreceiver kommt. Über diese Buchse erhält der Digitalreceiver nicht nur die Satellitenprogramme vom LNB. Sie stellt auch die Gleichspannung von rund 14 V bis 18 V bereit, die der LNB benötigt, um zu funktionieren. Jeder der drei Anschlüsse ist mit Filtern ausgestattet. Sie verhindern, dass die vom Sat-Receiver ausgegebene Spannung für den LNB am TV- oder UKW-Ausgang der Antennensteckdose anliegt. Das würden der Fernseher oder das UKW-Radio nicht verkraften. Außerdem steht an jeder Buchse nur ein bestimmter Frequenzbereich zur Verfügung. Am Radioausgang lässt sich des-

Abb. 7.29 – Eine Sat-Anschlussdose.

7.5 Antennensteckdose verteilt Satelliten- und Antennen-Programme

halb nur ein UKW-Tuner betreiben, am Sat-Ausgang nur der Satellitenreceiver und am TV-Ausgang nur der DVB-T-Empfänger.

Markenprodukte begrenzen Signalverluste

Antennensteckdosen sind zwar praktisch, funktionieren aber nicht immer zufriedenstellend, weil sie Antennen- und Satelliten-Signale mitunter stark dämpfen. Vor allem die Antennenprogramme werden abgeschwächt. Bei ortsüblichen Programmen vom nächstgelegenen Sender ist diese Dämpfung meist nicht zu merken. Kommen Programme von der alten Dachantenne dagegen nur mit geringem Signalpegel an der Antennensteckdose an, kann dieser bereits zu schwach sein. Davon sind vor allem das digitale Antennenfernsehen DVB-T und das Digitalradio DAB betroffen. Manchmal können selbst UKW-Programme aus der Nachbarschaft auf der Strecke bleiben. Um schwächere Antennensignale trotzdem einwandfrei im Haus per Antennenkabel verteilen zu können, müssen deshalb die Dämpfungsverluste so gering wie möglich sein. Um sie einzugrenzen, ist eine gute Antennensteckdose von einem Markenhersteller anzuraten. Vermeintlich preiswerte No-Name-Produkte dämpfen den Signalpegel meist deutlich stärker als hochwertige Markenware. Gleiches gilt für etwaige Verteiler und das Antennenkabel. Ist der Signalpegel der Antennenprogramme trotz guter Sat-Anschlussdose und hochwertiger Antennenkabel noch nicht befriedigend, lässt sich ein Antennenverstärker direkt hinter die Dachantenne schalten. Spätestens jetzt sollte der Empfang einwandfrei sein.

Abb. 7.30 – Das Koaxialkabel sollte rund 15 cm aus der Elektroinstallationsdose herausragen, damit man es problemlos abisolieren und an die Anschlusspunkte der Antennensteckdose schrauben kann.

7.5 Antennensteckdose verteilt Satelliten- und Antennen-Programme

Antennenkabel fachgerecht anschließen

Damit die Sat-Anschlussdose die Satelliten- und Antennen-Programme zuordnen kann, ist das Antennenkabel sorgfältig anzuschließen. Zuerst sollten Sie darauf achten, dass das Kabel genügend weit aus der Installationsdose herausragt. Eine Länge von 15 cm ist zu empfehlen, um das Kabel problemlos abzuisolieren und mit den Anschlüssen der Antennendose zu verbinden (Bild 7.30). Bleibt etwas Kabel übrig, ist das kein Problem, weil sich die überschüssige Länge leicht in der Installationsdose hinter der Antennensteckdose verstauen lässt.

Ragt das Koaxialkabel genügend weit aus der Sat-Anschlussdose heraus, können Sie am vorderen Ende den Mantel entfernen und den Mittelleiter freilegen – quasi so, als wenn Sie einen F-Stecker anschrauben möchten. Das Kapitel *F-Stecker am Antennenkabel fachgerecht montieren* erläutert im Detail, wie dabei vorzugehen ist. Je nach Steckdosenmodell kann die Länge des freigelegten Mittelleiters dabei etwas variieren. Um das abisolierte Kabel mit der Antennensteckdose zu verbinden, schrauben Sie die kleine Bedeckung auf ihrer Vorderseite ab (Bild 7.31). Jetzt können Sie das Antennenkabel an die beiden Anschlusspunkte schrauben. Man sollte allerdings die Schrauben nicht zu fest ziehen, da ein gequetschter Innenleiter den Signalpegel der Fernsehprogramme unnötig dämpft. Die Schrauben

Abb. 7.31 – Bevor man das Kabel an die Anschlusspunkte der Antennendose schraubt, ist es steckdosengerecht vorzubereiten. Die beiden Anschlusspunkte liegen hinter einer kleinen Schutzkappe.

7.5 Antennensteckdose verteilt Satelliten- und Antennen-Programme

sollten Sie deshalb nur so weit festdrehen, dass das Kabel gut in der Antennendose befestigt ist. Nachdem Sie den Mittelleiter des Kabels angeschraubt haben, ist das metallische Schirmgeflecht an der Reihe. Dabei ist darauf zu achten, dass keine Litze des metallischen Schirmgeflechts den freigelegten Mittelleiter berührt oder Metallteile, die mit dem Mittelleiter verbunden sind. Zum Schluss schrauben Sie die Schutzklappe wieder über die Anschlusspunkte (Bild 7.32) und befestigen die fertig angeschlossene Antennensteckdose in der Installationsdose.

Abb. 7.32 – Bild 3: Ist das Koaxialkabel fachgerecht angeschlossen, können Sie die metallische Schutzkappe wieder aufschrauben und die Antennensteckdose in der Installationsdose befestigen.

8 Spart Geld und Arbeit: Einkabel-Lösung im Altbau

Satellitenanlagen für viele Fernsehteilnehmer benötigen meist mehrere Antennenkabel, die vom Multischalter zu jedem Sat-Receiver zu verlegen sind. Was in Neubauten machbar ist, kann bei älteren Gebäuden zum großen Problem werden. Vor allem über mehrere Stockwerke lassen sich nur mühsam neue Koaxialkabel verlegen. Eine satellitengerechte Verkabelung ist deshalb mitunter nur mit erheblichem Installationsaufwand und viel Geld realisierbar. Einkabellösungen versprechen einen Ausweg, weil sie die alten Antennenkabel verwenden, um das Satelliten-TV zum Fernsehzuschauer zu transportieren. Der Fachhandel führt drei unterschiedliche Systeme, die das Buch im Folgenden beschreibt.

8.1 Einkabel-Satellitenanlagen für Wohnblöcke

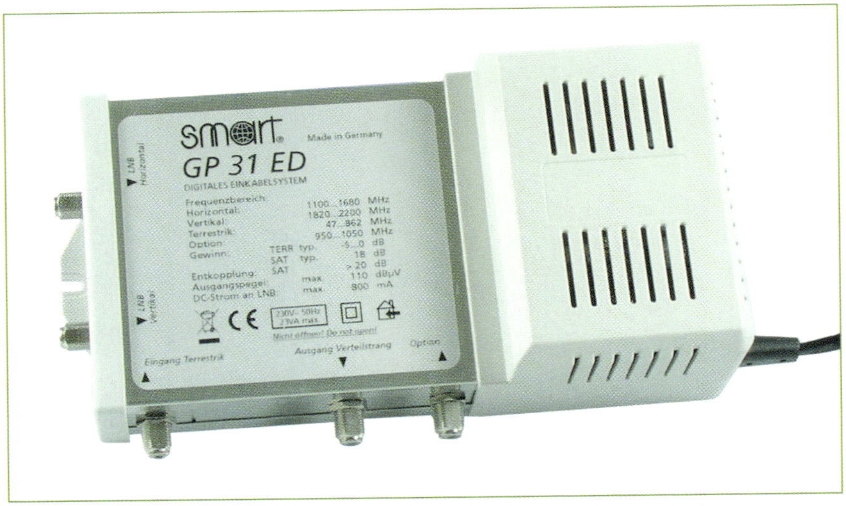

Abb. 8.1 – Basiseinheit einer Einkabel-Satellitenanlage. (Bild: Smart)

Klassische Einkabellösungen sind ausschließlich für den digitalen Empfang von Astra ausgelegt und erlauben den Anschluss beliebig vieler Satellitenreceiver. Sie eignen sich deshalb vor allem für größere Wohngebäude mit vielen Fernsehteilnehmern. Zentrale Bedeutung kommt der sogenannten Basiseinheit zu. Sie ist vergleichbar mit dem Multischalter üblicher Mehrteilnehmer-Anlagen, unterscheidet sich jedoch in der Zahl der Anschlüsse und in den Funktionen. Klassische Einkabellösungen übertragen nur rund ein Viertel aller Satellitenfrequenzen. Die Basiseinheit bestimmt, welche das sind – und das hat Folgen: Waren damit in der Vergangenheit alle wichtigen deutschen TV-Programme zu empfangen, müssen diverse ältere Einkabel-Satellitenanlagen heute bei den ProSiebenSat1-Sendern passen, die den Satellitenkanal gewechselt haben. Außerdem muss der Fernsehzuschauer auf Spartenprogramme verzichten, die sich mit bestimmten Inhalten an ein kleines Publikum wenden. Er kann deshalb nur einen Teil der von Astra übertragenen Programme sehen. Einige Systeme halten die Option bereit, mit Zusatzbausteinen einzelne Satellitenkanäle nachzurüsten – aber auch dem sind Grenzen gesetzt. Klassische Einkabel-Satellitenanlagen haben dagegen den Vorteil, dass der Fernsehzuschauer die Wahl hat, welchen digitalen Satellitenreceiver er nutzen möchte – was bei Einkabellösungen nicht selbstverständlich ist.

Geringer Installationsaufwand

Der Installationsaufwand einer klassischen Einkabel-Satellitenanlage hält sich in Grenzen. Am Satellitenspiegel ist ein Twin-LNB zu montieren, beide Ausgänge verbindet man mit den Sat-ZF-Buchsen der Basiseinheit. Alte Dachantennen lassen sich an einer separaten Eingangsbuchse anschließen. Zuletzt stecken Sie in die F-Ausgangsbuchse der Basiseinheit das alte Koaxialkabel. Neue Antennenkabel sind deshalb nur erforderlich, wenn die alten defekt sind oder nicht mehr den Vorschriften entsprechen. Danach dürfen zehn Jahre alte Kabel den Signalpegel um 10 Prozent dämpfen. Da Sie meist die alten Antennenkabel nutzen können, entfallen bei Einkabelsystemen Arbeit und Schmutz. Bei den Fernsehteilnehmern müssen Sie nur die alte Antennensteckdose durch eine satellitentaugliche Durchschleifdose ersetzen. Wie man sie fachgerecht anschließt, beschreibt das übernächste Kapitel *Antennensteckdose austauschen*.

8.2 Einkabel-Satellitenanlage fürs Einfamilienhaus

Für kleine Einkabel-Satellitenanlagen haben Hersteller inzwischen sogenannte Unikabel-LNBs im Lieferprogramm. Im Gegensatz zu klassischen Einkabelsystemen empfangen sie alle Satellitenfrequenzen, so dass dem Fernsehzuschauer keine Programme „durch die Lappen" gehen. Unikabel-LNBs lassen sich außerdem für eine beliebige Satellitenposition nutzen. Sie arbeiten meist nach einem firmenübergreifenden Standard, so dass man Komponenten beliebiger Hersteller miteinander kombinieren kann, die die Anforderungen erfüllen. Bei älteren Einkabelsystemen konnte man nur auf Kompo-

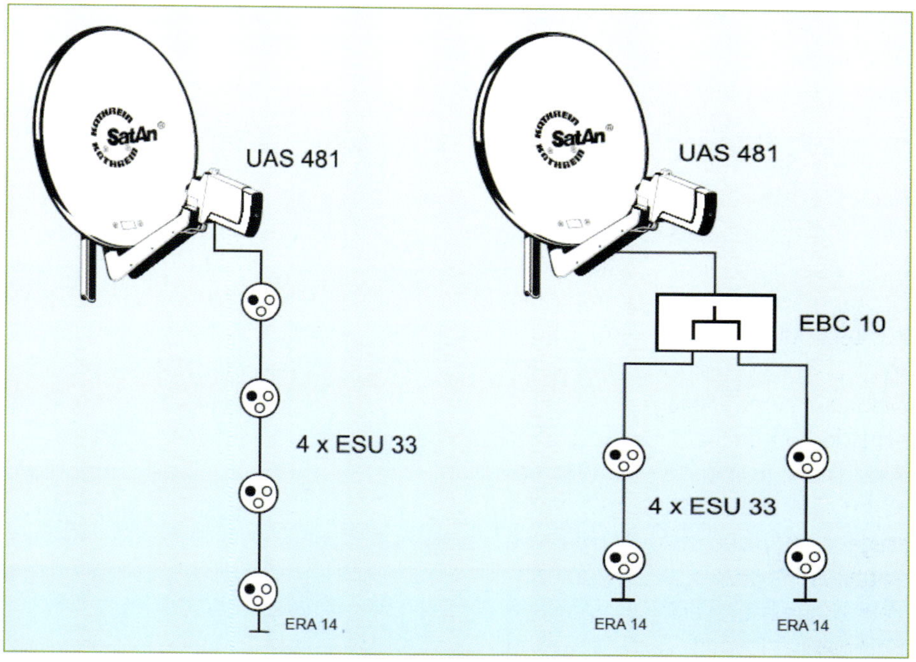

Abb. 8.2 – Am Unikabel-LNB können Sie bis zu vier Sat-Receiver über einen gemeinsamen Leitungsstrang betreiben. Die kleinen Kreise symbolisieren die satellitentauglichen Antennen-Durchschleifdosen, an die die Satellitenreceiver anzuschließen sind. (Bild: Kathrein)

8.2 Einkabel-Satellitenanlage fürs Einfamilienhaus

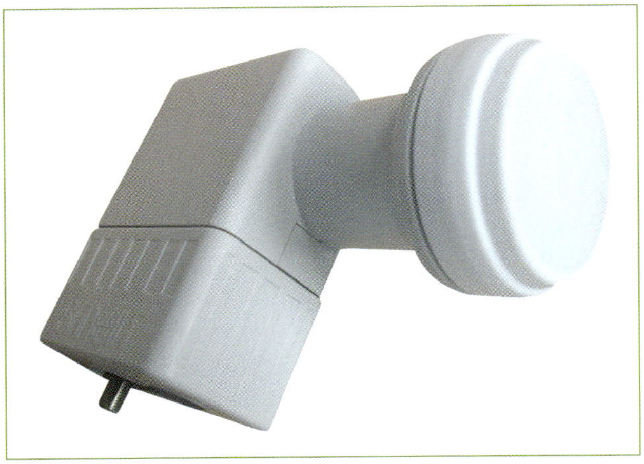

Abb. 8.3 – Ein Unikabel-LNB. (Bild: Smart)

nenten von einem Hersteller zurückgreifen. Der Nachteil von Unikabel-LNBs: Es lassen sich nur maximal vier Receiver direkt anschließen, so dass sie für Einfamilienhäuser infrage kommen. Die Basiseinheit klassischer Anlagen entfällt. Da bei Einkabel-LNBs die Buchse für Programme der alten Dachantenne fehlt, braucht man eine separate Antennenweiche, wenn man sie sehen möchte. Unikabel-LNBs funktionieren außerdem nur mit speziellen Sat-Receivern. Sie können sich also nicht aussuchen, welchen Sie nutzen möchten – und das hat einen Grund: Schalten Sie den Digitalreceiver ein, meldet er sich beim Unikabel-LNB an. Zugleich wird ein exklusiver Kanal zwischen beiden Geräten geschaltet, der das Satellitenprogramm ins heimische Wohnzimmer überträgt, das man am Sat-Receiver ausgewählt hat. Die meisten Unikabel-LNBs sind genormt und lassen sich in fast jeden Satellitenspiegel einbauen.

Abb. 8.4 – Im Gehäuse ist nicht nur die F-Buchse für den Unikabel-Leitungsstrang eingebaut (rechte Seite). Dieser Unikabel-LNB besitzt auf der linken Seite eine zweite F-Ausgangsbuchse für den Betrieb eines zusätzlichen Digitalreceivers.

8.3 Antennensteckdose austauschen

Egal, ob bei der klassischen Einkabellösung für Wohnblöcke oder beim Unikabel-LNB fürs Einfamilienhaus: Wenn Sie eine von beiden Lösungen nutzen möchten, müssen Sie die alten Antennensteckdosen im Haus gegen satellitentaugliche Durchschleifdosen austauschen. Es gibt sie in mehreren Varianten, die sich in der Anschlussdämpfung unterscheiden. Sie besitzen nicht nur drei Koaxialkabelanschlüsse für TV, Radio und Sat-Receiver, sondern auch zwei Klemmen. An diese schließt man das ankommende Koaxialkabel und das zum nächsten Fernsehzuschauer abgehende Antennenkabel an. Dieses Detail unterscheidet die Durchschleifdosen für Einkabellösungen von herkömmlichen Antennensteckdosen für den Satellitenempfang.

Abb. 8.5 – Die typische Antennensteckdose für Satellitenanlagen (links) ist äußerlich kaum von der für Einkabellösungen geeigneten Durchschleifdose zu unterscheiden (rechts im Bild). (Bild: Kathrein)

Abb. 8.6 – Verkabelung einer Durchschleifdose für Einkabel-Satellitenanlagen. In der Mitte sind das ankommende und das zum nächsten Fernsehteilnehmer abgehende Antennenkabel zu erkennen.

8.4 Einkabelsystem mit Multischalter macht flexibel

Die Firma Kathrein vertreibt eine Einkabellösung, die sich mit einem erweiterbaren Multischalter kombinieren lässt – ein großer Vorteil, wenn man die Mehrteilnehmer-Anlage später um zusätzliche Anschlüsse für weitere Fernsehzuschauer ausbauen möchte. Selbst die Einkabel-Basiseinheit ist erweiterbar und lässt so den Anschluss mehrerer Fernsehteilnehmer zu. Sie arbeitet nach dem gleichen Prinzip wie Unikabel-LNBs und erlaubt als Einzelbaustein den Anschluss von maximal vier Receivern pro Leitungsstrang. Packt man eine zweite Basiseinheit dazu, sind acht Digitalreceiver anschließbar. Wie beim Unikabel-LNB hat der Fernsehzuschauer Zugriff auf alle Satellitenprogramme Die Kombilösung ist außerdem interessant, weil Sie über den Multischalter zusätzliche Satellitenkomponenten betreiben können. Das kann ein Festplattenreceiver oder ein PC mit Satelliten-Empfangskarte sein.

Kombinierte Verteilanlagen, bei denen einige Digitalreceiver über den Multischalter und andere über die Einkabellösung betrieben werden, erfordern einen etwas höheren Planungsaufwand. Man muss sich überlegen, welche Receiver man wo betreiben möchte, an welchen Stellen sich Antennenkabel für den Multischalter verlegen lassen und wo nur die Einkabellösung greift. Ist diese Aufgabe gelöst, steht einer erfolgreichen Installation des Kathreinsystems nichts mehr im Wege.

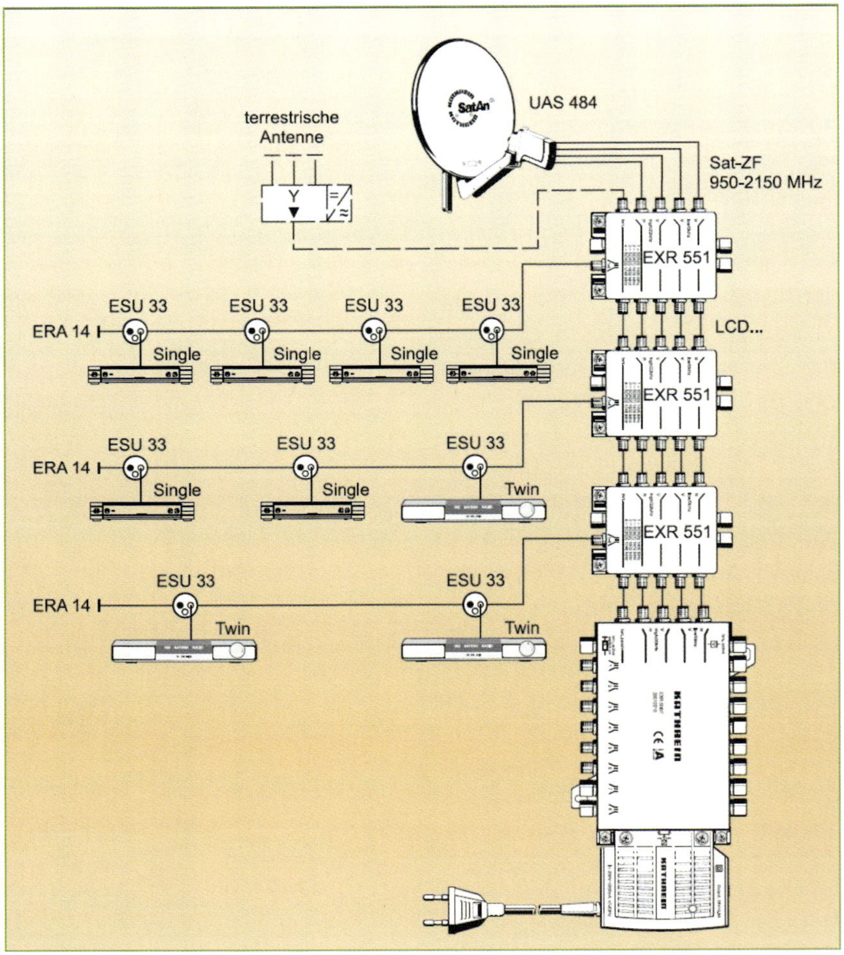

Abb. 8.7 – Beim Kathrein-Einkabelsystem kann man pro Basiseinheit bis zu vier Satellitenreceiver anschließen. Außerdem steht ein Multischalter bereit, der den Betrieb weiterer Satellitenkomponenten zulässt (unten rechts im Bild). (Bild: Kathrein)

8.4 Einkabelsystem mit Multischalter macht flexibel

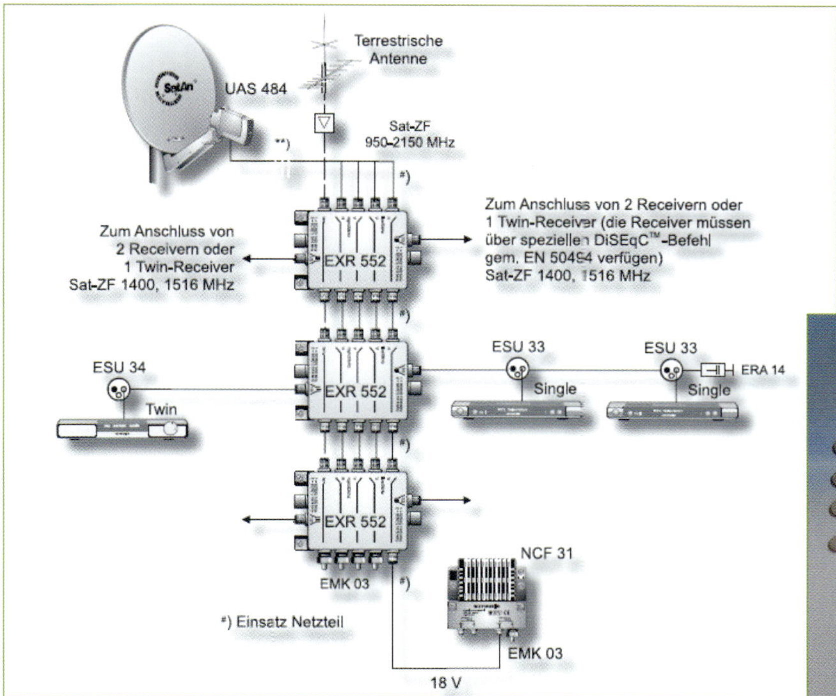

Abb. 8.8 – Einkabel-Basiseinheiten von Kathrein können Sie auch ohne Multischalter zusammenschließen und so eine Reihe von Satellitenreceivern betreiben. (Bild: Kathrein)

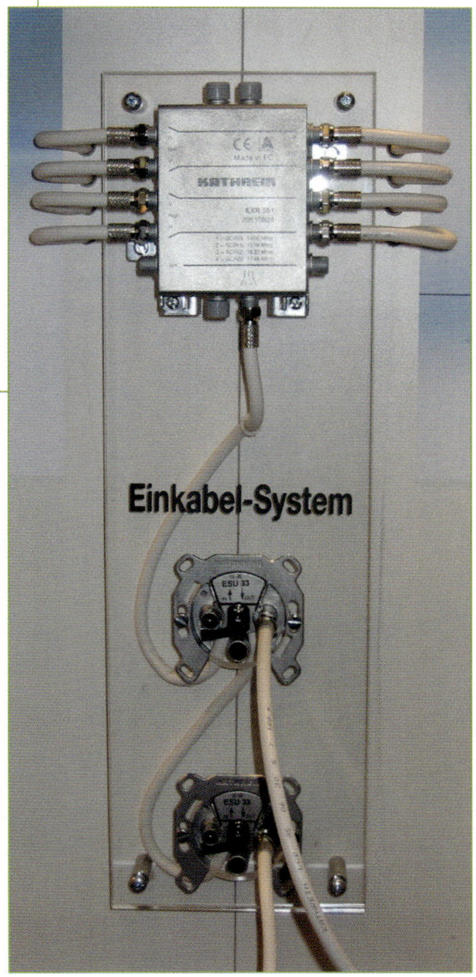

Abb. 8.9 – Einkabellösung mit Basiseinheit, von der die abgehenden Antennenkabel zu den Satellitenreceivern führen.

8.5 Einkabellösung für hochauflösende Fernsehbilder

Möchten Sie mit einer Einkabellösung auch HDTV-Programme empfangen, brauchen Sie einen passenden Receiver. Bei klassischen Einkabelsystemen für Wohnblöcke, die nicht alle Satellitenfrequenzen empfangen, sollten Sie vorher prüfen, ob diese überhaupt einen Satellitenkanal bereitstellen, auf dem HDTV-Programme übertragen werden. Anders bei Unikabelsystemen fürs Einfamilienhaus, bei denen Sie mit einem passenden Receiver alle Satellitenprogramme sehen können. Allerdings gibt es bei dieser Einkabellösung bisher nur wenige Satellitenreceiver, die hochauflösende Fernsehbilder verarbeiten können.

Abb. 8.10 – Der Kathrein UFS 910 zählt zu den ersten HDTV-Receivern, die auch an einer Einkabel-Sat-Anlage arbeiten. (Bild: Kathrein)

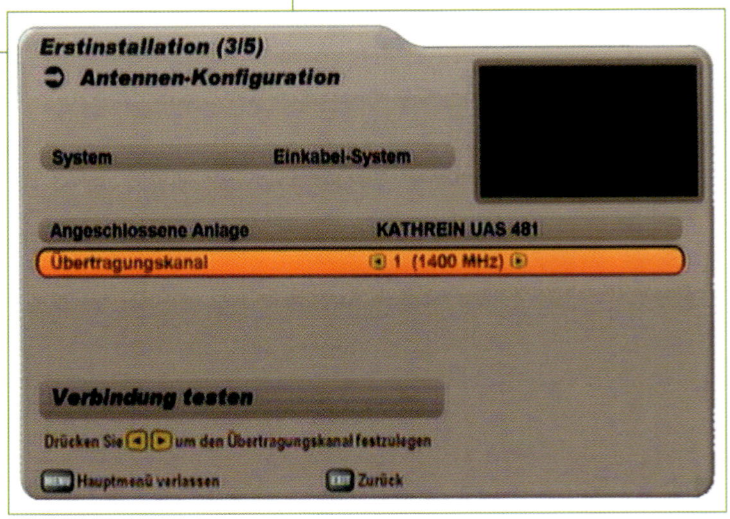

Abb. 8.11 – Unikabel-Einstellmenü des HDTV-Receivers Kathrein UFS 910 (Bild: Kathrein)

9 Satelliten-TV durchs Fenster empfangen?

Die eigene Satellitenschüssel im Freien zu montieren, ist nicht immer möglich – vor allem, wenn der Vermieter die Installation verbietet. Vielleicht möchten Sie auch die Hausfassade nicht durch eine Antenne verunstalten. Der Satellitenempfang kann zwar durch Fensterscheiben hindurch gelingen, trotzdem ist davon abzuraten, weil das den Wohnkomfort deutlich verringert. Damit der Satellitenempfang von innen überhaupt funktionieren kann, ist ein nach Süden ausgerichtetes Fenster erforderlich. Außerdem gelangen die Satellitenprogramme nur bei geöffnetem Fenster ungehindert in einen kleinen Bereich des Wohnraums – und exakt dort ist die Antenne aufzubauen. Spätestens jetzt stellt man fest, wie viel Platz eine herkömmliche Schüssel beansprucht. Für eine 90-cm-Antenne ist etwa ein Kubikmeter Wohnraum erforderlich – und diese Schüsselgröße ist erforderlich, damit der Satellitenempfang durchs Fenster überhaupt Aussicht auf Erfolg hat.

9.1 Moderne Fenster dämpfen Signalpegel erheblich

Hält man das Fenster für den Satellitenempfang geschlossen, verschlechtert das Fenstermaterial den Empfang. Vor allem moderne Wärmeschutzgläser schlucken viel Signalpegel. Sie sind mittlerweile Standard und besitzen eine aufgedampfte Metallschicht, die das Entweichen von Wärme weitgehend verhindert. Schaut man durch eine solche Scheibe, fällt das nicht auf. Funksignale lassen sie dennoch nicht passieren, ihre Dämpfung ist enorm. Die Signaldurchlässigkeit einer Scheibe ist umso geringer, je besser ihr Wärmedämmwert ist, der auch UG-Wert genannt wird. Wärmeschutzgläser mit zwei Scheiben besitzen einen UG-Wert von rund 1,1 bis 1,6. Drei-Scheiben-Wärmeschutzgläser machen mit einem UG-Wert von 0,4 bis 0,8 Satellitenempfang bereits unmöglich.

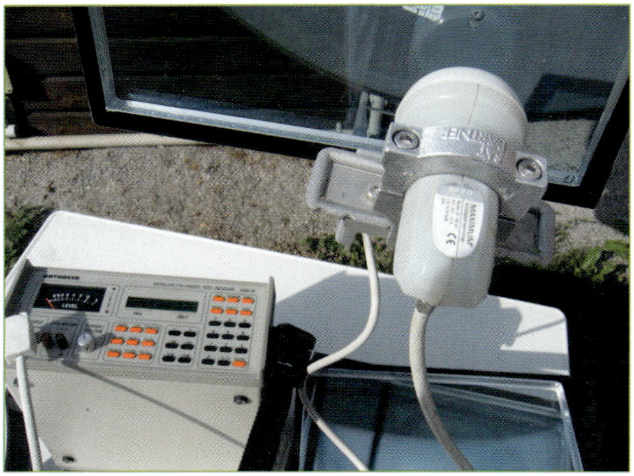

Abb. 9.1 – In umfangreichen Tests haben wir aktuelle Gläser unter die Lupe genommen. Bei heute üblichen Wärmeschutzgläsern blieb uns der Sat-Empfang hinter Glas verwehrt.

Abb. 9.2 – Abgesehen davon: Möchten Sie so ein Unikum im Wohnzimmer stehen haben?

9.2 Einfache Glas- oder Kunststoff-Scheiben bieten Chancen

Ersetzt man ein modernes Wärmeschutzglas gegen eine altmodische, einfache Glasscheibe, steigen die Chancen auf Satellitenempfang in den eigenen vier Wänden erheblich. Aber selbst hier gilt: Beschichtete Gläser sind tabu! Neben Glas erlauben auch diverse Kunststoffe, Satelliten-TV zu empfangen – allerdings mit Einschränkungen: Je dicker die Kunststoff- oder einfache Glas-Scheibe ist, umso stärker dämpft auch sie das Satellitensignal. Eine Dämpfung von rund 5 dB tritt selbst unter besten Voraussetzungen auf, was den Signalpegel auf rund ein Drittel der ursprünglichen Signalstärke verringert. Meist fallen die Dämpfungsverluste höher aus.

Erfolg versprechend ist auch der Einsatz von Isolierglas. Darunter versteht man inzwischen aus der Mode gekommene doppelverglaste Scheiben ohne aufgedampfte Metallschicht. Ihre UG-Werte liegen bei rund 2,9 bis 3,1, die viel Wärme nach außen entweichen lassen.

Sonniges Wetter eignet sich am besten

Die besten Chancen für Satellitenempfang hinter Glas haben Sie bei sonnigem Wetter. Selbst bei einer guten 90-cm-Schüssel besitzt die Anlage allerdings kaum Schlechtwetter-Reserven, weil die Glasdämpfung den dafür notwendigen Signalpegel schluckt. Deshalb eignen sich nur sehr leistungsstarke Satelliten für den Satellitenempfang hinter Glas, wie beispielsweise Astra auf 19,2 Grad Ost – schwächere Satelliten scheiden aus. Für den Indoor-Empfang kommen auch Doppel- oder Mehrfachfeed-Lösungen mit zwei oder mehr LNBs nicht infrage, weil sie den Signalpegel zusätzlich abschwächen.

Abb. 9.3 – Moderne Wärmeschutzgläser sind mit einer Metallschicht bedampft. Die altmodische Isolierglasscheibe verfärbt das Papier dagegen nicht.

Übersicht über die Signaldämpfung verschiedener Glas-Typen

Glastyp	Doppel-verglasung	Einfach-verglasung	Empfang möglich	Signal-dämpfung
Wärmeschutzglas	x		nein	ca. 16 dB bis zur vollständigen Dämpfung
Isolierglas	x		ja	ca. 5 dB bis 7 dB
einfache Glasscheibe		x	ja	ca. 3 dB bis 4 dB

9.2 Einfache Glas- oder Kunststoff-Scheiben bieten Chancen

Abb. 9.4 – Je schräger die Satellitensignale durch die Scheibe dringen, umso höher ist die Dämpfung.

Abb. 9.5 – Wegen der Glasdämpfung sollte der Satellitenspiegel rund 90 cm groß sein. Dieser beansprucht viel Platz, kippt leicht um und ist nur schwer sicher aufzustellen.

10 Satellitenempfang unter Dach?

Immer wieder taucht die Frage auf, ob Satellitenempfang nicht auch unter Dach funktionieren kann. Die Antwort lautet: Kaum möglich oder beinahe unmöglich, da zwischen Satellit und Antenne eine direkte Sichtverbindung bestehen muss. Selbst Blätter können im Freien den Satellitenempfang unterbrechen, von Dachziegeln ganz zu schweigen. Dächer mit einer Blech- oder Aluminium-Verkleidung schirmen das Dach sogar vollständig ab. Ob Satellitenempfang unter Dach funktioniert, beeinflusst nicht nur das Dachbedeckungs-Material. Da moderne Kaltdächer mit Verschalung, Matten und Dachziegeln aus mehreren Schichten bestehen, sinkt bei ihnen die Chance gegen Null, unter Dach Satelliten-TV zu empfangen.

10.1 Astra-Empfang durch PVC-Dachziegel im Altbau

Wenn Sie in einem Altbau wohnen und der Dachstuhl nicht ausgebaut ist, können Sie den leistungsstarken Astra-Satelliten durch einen dünnwandigen durchsichtigen PVC-Dachziegel empfangen – vorausgesetzt, das Dach zeigt nach Süden. Dieser Ziegel dämpft den Signalpegel nur um rund 3 dB bis 4 dB, so dass nur knapp die Hälfte der Signalstärke verloren geht. Damit gelingt auf allen Astra-Kanälen ein einwandfreier Empfang sämtlicher analoger und digitaler Programme. Trotzdem müssen Sie bei der Montage aufpassen – denn wie stark der Kunststoffziegel den Signalpegel dämpft, hängt auch vom Einfallswinkel der Satellitensignale ab. Je schräger die Signale auf das Dach auftreffen, umso längere Strecken müssen sie durch den PVC-Kunststoff zurücklegen, so dass die Dämpfung steigt.

Abb. 10.1 – Zahllose Dachbedeckungsmaterialien stehen zur Wahl, die meist die Satellitensignale sehr stark dämpfen. Am signaldurchlässigsten sind durchsichtige Dachziegel aus PVC.

Abb. 10.2 – Um die Dämpfung von Dachziegeln zu ermitteln, genügt es, sie direkt vor den LNB zu halten.

Abb. 10.3 – Dachziegel aus Beton sind etwas signaldurchlässiger. Für alltagstauglichen Satellitenempfang sind sie trotzdem unbrauchbar. Digitale Satellitenprogramme sind durch sie gar nicht zu empfangen.

11 Fernsehbilder im ganzen Haus

Möchten Sie Fernsehbilder im ganzen Haus von einem einzigen Sat-Receiver verteilen, kommt ein Multiroom-Receiver infrage, der einem Multimedia-Center gleicht: Er liefert an Fernseher in mehreren Räumen unabhängig voneinander Fernsehbilder, TV-Mitschnitte, MP3s oder Filme von der eingebauten Festplatte. Damit das klappt, müssen Sie für das Gerät einen Satellitenspiegel mit zwei LNBs verwenden. Multiroom-Receiver können auch interessant sein, wenn man in mehreren Räumen das Bezahlfernsehen nutzen möchte. Das ist allerdings nur mit Einschränkungen an allen angeschlossenen Fernsehern möglich, weil eine Smartcard nur den Datenstrom eines Satellitenkanals auswerten kann. So lange zwei verschlüsselte Programme über denselben Kanal übertragen werden, kann man beide gleichzeitig sehen. Überträgt dagegen der Satellit codierte Programme auf zwei unterschiedlichen Satellitenkanälen, lassen sie sich nicht zugleich am Fernsehbildschirm verfolgen.

11.1 Wie sind Multiroom-Receiver zu bedienen?

In einen Multiroom-Receiver sind zwei hochwertige Satellitenreceiver integriert. Die Fernsehsignale beider Receiver geben die beiden Cinch-AV-Buchsen auf der Geräterückseite aus: Die meist mit einer „1" beschriftete Buchse gibt das Signal vom Haupttuner, die mit einer „2" beschrifteten Buchse gibt die Satellitenprogramme vom zweiten Receiver aus. Die Fernsehprogramme vom Haupttuner stehen außerdem an zwei Scart-Buchsen zur Verfügung. Den Multiroom-Receivern liegen zwei Fernbedienungen bei. Die erste steuert meist allein den Hauptreceiver, die zweite ist als Funkfernsteuerung ausgelegt und steuert den zweiten Sat-Receiver. Zusätzlich können Sie bei manchen Geräten weitere Fernseher über den Antennenkabel-Ausgang des Receivers anschließen. Die Bildqualität ist zwar etwas schlechter als über die Cinch-AV-Buchse, und der Ton ist nur in Mono, aber für typische Zweit- und Dritt-Fernseher ist das mehr als ausreichend. Möchten Sie den Multiroom-Receiver mit der Funkfernsteuerung bedienen, können Sie diese wegen ihrer großen Reichweite als Handsender nutzen, der bequem überall im Haus einsetzbar ist. Produkte mancher Hersteller benötigen dafür zusätzlich einen Fernbedienungsempfänger, der mit einem Antennenkabel an den Receiver anzuschließen ist.

Abb. 11.1 – Multiroom-Receiver von Kaon. Die zweite Fernbedienung ist für ein zweites TV-Gerät vorgesehen. Die Steuerung erfolgt über das zu ihm zu verlegende Antennenkabel und einem Adapter, an dem ein separater Fernbedienungsempfänger angeschlossen wird.

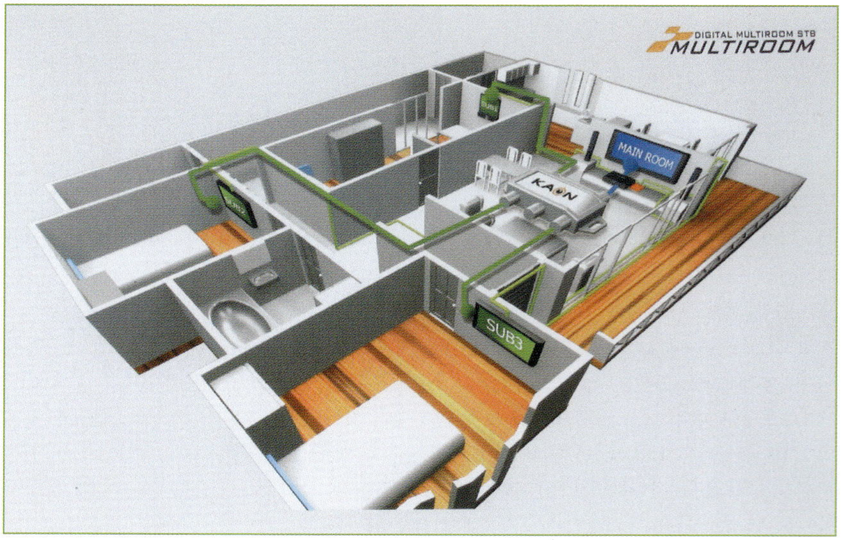

Abb. 11.2 – Ein Receiver, vier Fernseher. Verdrahtungsbeispiel für einen Multiroom-Receiver. (Bild: Kaon)

11.2 Neue Häuser auf Multiroom-Receiver vorbereiten

Vor allem beim Neubau können Sie das Haus auf den späteren Gebrauch eines Multiroom-Satellitenreceivers vorbereiten. Wenn der Hauptfernseher im Wohnzimmer stehen soll, können Sie von dort die Antennenkabel sternförmig in andere Räume verlegen. Den Zweitfernseher versorgt meist eine Cinch-AV-Leitung für Video und Audio mit Satellitenprogrammen, so dass man nur in zwei Wohnräume Antennenkabel verlegen muss. Die Multiroom-Receiver sind besonders interessant, wenn Sie zwei Fernseher in nebeneinander liegenden Räumen nutzen möchten. Das reduziert den erforderlichen Installationsaufwand mitunter auf ein kleines, durch die Wand zu bohrendes Loch.

Sie profitieren beim Multiroom-Receiver auch davon, dass Sie in beiden Räumen Zugriff auf einen erstklassigen Sat-Receiver haben.

Multiroom-Receiver sind vor allem auch spannend, wenn Sie Pay-TV in mehreren Räumen nutzen möchten. Auf herkömmliche Weise bräuchten Sie dazu zwei Sat-Receiver und zumindest eine Abo-Karte, die Sie abwechselnd in den Receiver stecken, wo Sie das verschlüsselte Angebot nutzen möchten. Von Bedienungskomfort kann da keine Rede sein. Für jeden Raum ein separates Pay-TV-Abo zulegen? Das kommt zu teuer, hätte aber den Vorteil, dass Sie jederzeit vollen Zugang zu den Pay-Sendern in beiden Räumen hätten.

Multiroom-Receiver beschreiten hier einen Mittelweg. Sie haben nur ein Gerät, dass Sie mit zwei Fernbedienungen in zwei Zimmern individuell nutzen können. Verschlüsselte Sender können Sie gleichzeitig jedoch nur sehr eingeschränkt gleichzeitig nutzen. Zumindest bei einigen Programmen funktioniert es, wie etwa bei ORF1, ORF2 und ATV oder bestimmten Kombinationen von Premiere-Programmen. Da Sie aber ohnehin nicht zeitgleich in zwei Räumen fernsehen werden, haben Sie zumindest die gleichen Nutzungsmöglichkeiten, als ob Sie ständig mit Ihrer Pay-TV-Karte von einem Receiver zum anderen laufen würden.

Derzeit bieten noch nur wenige Hersteller Multiroom-Geräte an und ihre universellen Einsatzmöglichkeiten sind noch weitgehend unbekannt. Wer sie aber schon ausprobieren durfte, ist davon überzeugt.

Abb. 11.3 – Multiroom-Satellitenreceiver arbeiten mit zwei Fernbedienungen. Jede steuert einen der beiden eingebauten Digitalreceiver.

11.2 Neue Häuser auf Multiroom-Receiver vorbereiten

Abb. 11.4 – Dieses Gerät empfängt die Steuerbefehle der zweiten Fernbedienung über einen UHF-Empfänger. Auf dem Gehäusedeckel steht die erforderliche Antenne.

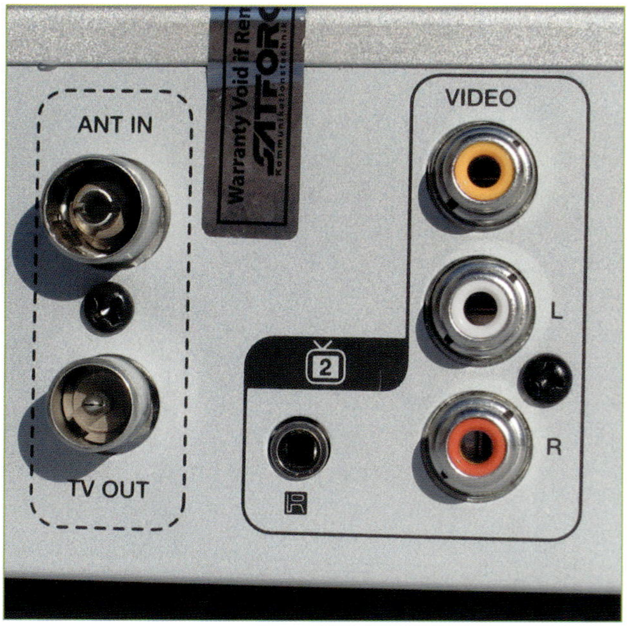

Abb. 11.5 – Auf der Geräterückseite erkennt man manchmal erst bei genauerem Hinsehen den zweiten Cinch-AV-Ausgang, an den der zweite Fernseher anzuschließen ist.

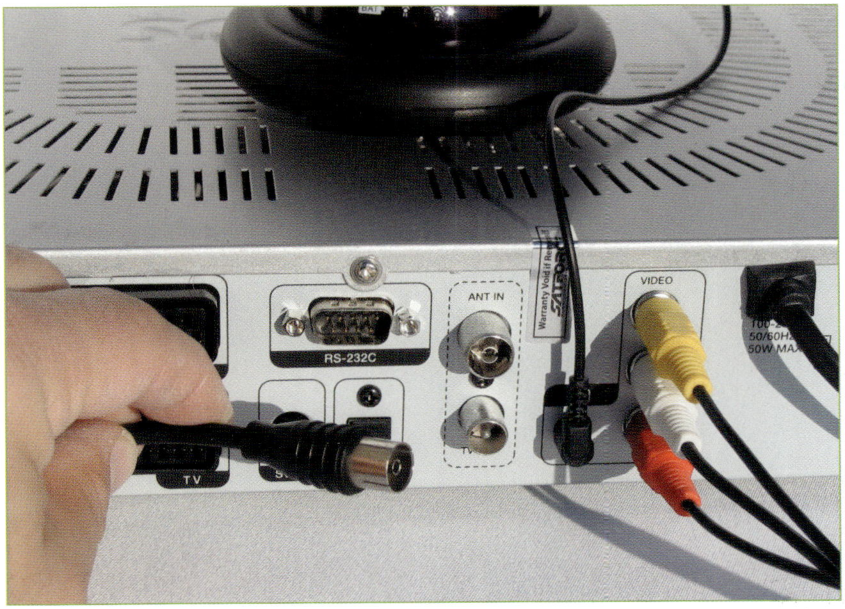

Abb. 11.6 – Über die untere Antennenbuchse lassen sich weitere Fernseher an den Multiroom-Receiver anschließen.

Abb. 11.7 – Damit in zwei Räumen Fernsehprogramme unabhängig voneinander nutzbar sind, sind an den Sat-Antennen-Anschlüssen des Receivers zwei LNBs anzuschließen.

11.2 Neue Häuser auf Multiroom-Receiver vorbereiten

Abb. 11.8 – Im Betrieb verrät eine kleine Bildschirmeinblendung, mit welchem der beiden eingebauten Digitalreceiver Sie gerade fernsehen.

Abb. 11.9 – Der geöffnete UHF-Handsender

Stichwortverzeichnis

Stichwortverzeichnis